配电网工程标准工艺图册
配电站房土建分册

国网宁夏电力有限公司 编

中国电力出版社
CHINA ELECTRIC POWER PRESS

内 容 提 要

本书为《配电网工程标准工艺图册 配电站房土建分册》，共 2 章，分别为环网箱/箱变土建基础、配电室/开关站/环网室。

本书可供配电网工程施工、设计、监理单位及各级供电公司的配电网运行维护、管理等部门技术人员和管理人员使用，还可用于指导设计、施工、质量检查、竣工验收等各个环节。

图书在版编目（CIP）数据

配电网工程标准工艺图册. 配电站房土建分册 / 国网宁夏电力有限公司编. —北京：中国电力出版社，2021.1（2023.10 重印）
ISBN 978-7-5198-5287-0

Ⅰ. ①配… Ⅱ. ①国… Ⅲ. ①配电系统–电力工程–标准–图集②配电站–建筑工程–工程施工–标准–图集 Ⅳ. ①TM7-65②TU745.7-65

中国版本图书馆 CIP 数据核字（2021）第 013616 号

出版发行：中国电力出版社
地　　址：北京市东城区北京站西街 19 号（邮政编码 100005）
网　　址：http://www.cepp.sgcc.com.cn
责任编辑：雍志娟
责任校对：黄　蓓　于　维
装帧设计：张俊霞
责任印制：石　雷

印　　刷：三河市万龙印装有限公司
版　　次：2021 年 1 月第一版
印　　次：2023 年 10 月北京第四次印刷
开　　本：787 毫米×1092 毫米　16 开本
印　　张：11
字　　数：231 千字
印　　数：3001—3500 册
定　　价：68.00 元

前　言

配电网是服务经济社会发展、服务民生的重要基础设施，是供电服务的"最后一公里"，是全面建成具有中国特色、国际领先的能源互联网企业的重要基础。随着我国经济社会的不断发展，人民的生活水平日益提高，对配电网供电可靠性和供电质量的要求越来越高。近年来，国家逐步加大配电网建设改造的投入力度，配电网建设改造任务越来越重。

自 1998 年起，国网宁夏电力有限公司先后完成了"两改一同价"、一期农网建设与改造工程、二期农网建设与改造工程、县城电网建设与改造工程、西部农网建设与改造完善工程、农网改造升级工程、新一轮农网改造升级工程等，实施了自然村通电、户户通电工程、农村低压电网接（进）户线整治工程、设施农业、生态移民搬迁、机井通电、村村通动力电、小城镇（中心村）供电、小康用电示范县等电网建设任务。经过 20 多年的城、农网建设和改造，配电网结构得到了有效的完善，但因其具有点多面广、地域差别大、参建人员多的特点，配电网工程建设标准、建设质量和工艺水平还需进一步巩固提升。

国网宁夏电力有限公司历来重视配电网工程的质量管理工作。2010 年，国网宁夏电力有限公司根据《国家电网公司输变电工程典型设计 10kV 和 380/220V 配电线路分册》和《国家电网公司输变电工程通用设计（2006 年版）》中的《10kV 电能计量装置分册》《400V 电能计量装置分册》《220V 电能计量装置分册》的有关内容，编写了《宁夏电力公司农网配电工程设计实用手册》，作为宁夏农村电网建设与改造的第一部典型设计。2017~2020 年，国网宁夏电力有限公司在国家电网有限公司配电网工程典型设计（2016年版、2018 年版）的基础上，结合宁夏配电网建设与改造实际，完成了《配电网工程标准工艺图册》丛书的编制。

本丛书共 4 个分册，分别为《架空线路分册》《电缆分册》《配电站房土建分册》《配电站房电气分册》，可供配电网工程施工、设计、监理单位及各级供电公司的配电网运行维护、管理等部门技术人员和管理人员使用，还可用于指导配电网工程设计、施工、质量检查、竣工验收等各个环节。

本丛书凝聚了国网宁夏电力有限公司配电网系统广大专家和工程技术人员的心血和汗水，是推行标准化建设的又一重要成果。希望本丛书的出版和应用，能够进一步提升配电网工程建设质量和水平，为建设现代化配电网奠定坚实基础。

本册为《配电站房土建分册》，共 2 章，分别为环网箱/箱变土建基础、配电室/开关站/环网室。本书大量采用图片形式表现，并辅以必要的文字说明，图文并茂地对工程施工的关键节点进行了详细描述。尤其是针对近年来配电网工程中出现的典型质量问题，明确了标准工艺要点，易于读者参考使用。

由于编者专业水平有限，加之时间仓促，书中难免存在标准理解偏差和图片释义不太准确的情况，恳请各位读者及时反馈宝贵意见。

编　者

2020 年 10 月

目　录

第1章 环网箱/箱式变电站土建基础

1.1 方 案 选 取

1.1.1 HA-1-T方案（分体式环网箱基础）

环网箱基础平、断面设计图如图1-1所示。

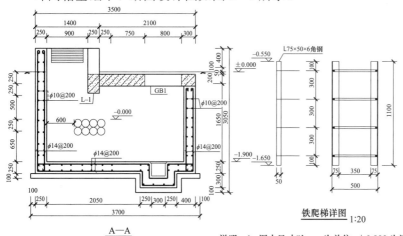

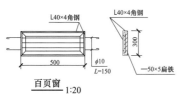

说明： 1. 图中尺寸以mm为单位；±0.000为设备所设位置道路侧规划设计道牙顶标高。

2. 设备基础井混凝土标号C25，抗渗等级S6，垫层C15。基础侧壁及底板钢筋保护层厚度均为50mm。钢筋采用HPB235（ϕ）、HPB335（ϕ）级。底板、侧壁、盖板两层钢筋间设ϕ6@400架立筋。

3. 混凝土基础侧壁厚度为250mm，采用双层配筋：上层钢筋ϕ14@200双向布置，下层钢筋ϕ14@150双向布置。人孔处四周加设16根ϕ14抗裂筋，单根长度1.2m。盖板与梁整体浇筑。人孔盖板上加设防盗人孔井盖。

4. 基础井内所有外露铁件采用"两丹一漆"进行防腐，铁埋件焊接后，焊缝刷2道防锈漆防腐。

5. 设备必须可靠接地。设备接地做独立接地，每间隔5m设一个接地极，接地扁钢—6mm×60mm，距设备基础1m位置设置。

6. 底板用1:2.5水泥砂浆抹平，并向集水槽方向做1%坡度。如有积水，待水汇集到集水槽内后定期用抽水泵抽出井外。

图1-1 环网箱基础平、断面设计图（一）

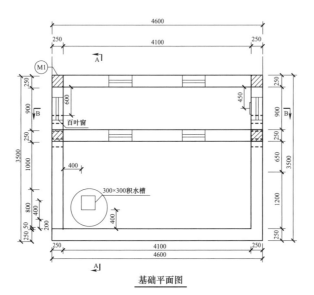

基础平面图

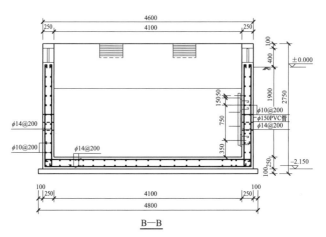

B—B

图1-1 环网箱基础平、断面设计图（二）

1.1.2 HA-2-T方案（联体环网箱基础）

一体化环网箱基础平面设计图如图1-2所示。

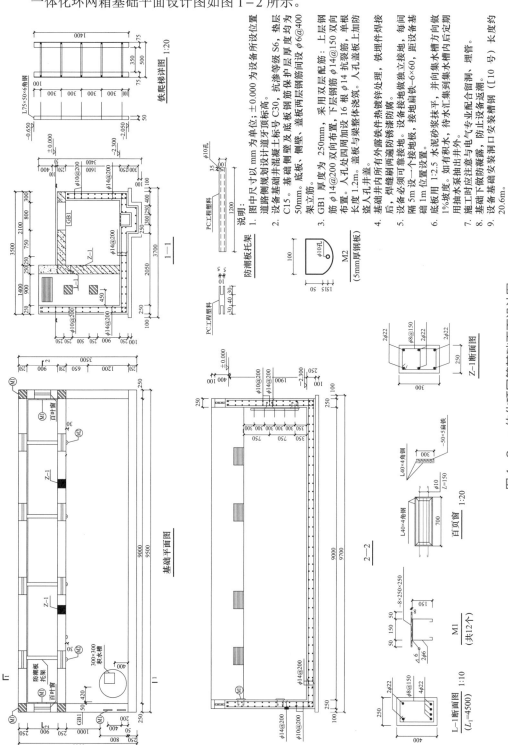

图1-2 一体化环网箱基础平面设计图

1.1.3 HA-3-T方案（带台阶环网箱基础）

带防潮板电缆分支箱（环网柜）基础设计详图（绿化带内）如图1-3所示。

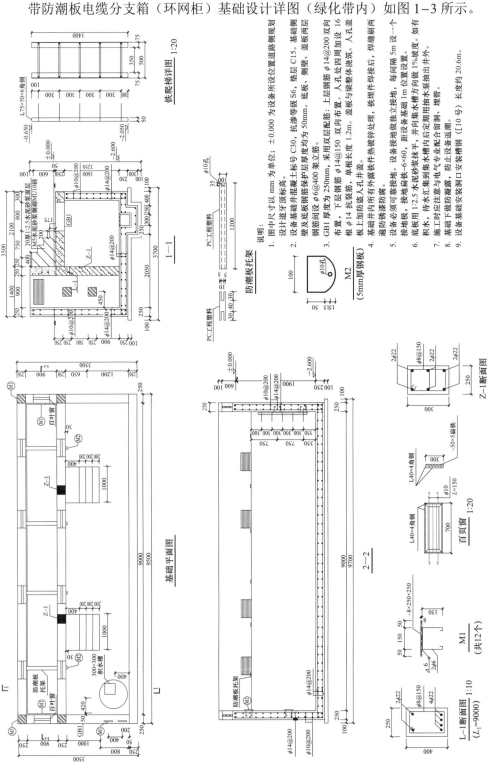

图1-3 带防潮板电缆分支箱（环网柜）基础设计详图（绿化带内）

1.1.4 XA-1-T 方案（美式箱式变电站基础）

美式箱式变电站基础平面设计图如图 1-4 所示。

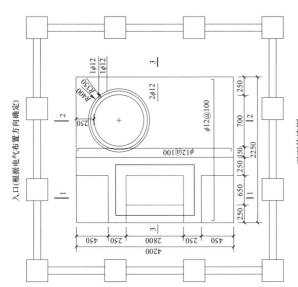

平面构造图

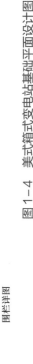

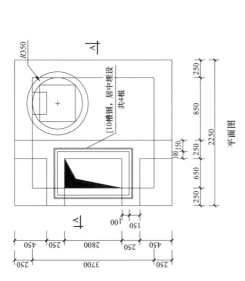

平面图

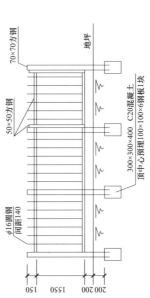

围栏详图

说明：
1. 基础采用 C30 混凝土，抗渗等级为 P6；垫层采用 C15 混凝土。
2. 钢材 Q235，焊条 E43，焊缝高度 $h_f \geq 6mm$，钢材均应热浸镀锌浸镀防腐处理。
3. 预埋铁件刷防腐漆二道，焊缝刷防锈漆，灰色铅油二道。井盖、井圈选用电力专用铸铁井盖井圈，下人孔的位置可根据实际情况定。
4. 基坑按设置的集水坑方 2%排设坡度。集水坑宜敷设管道接入厂区排水系统，否则应配备抽水设备。
5. [10 槽钢上腰孔须待设备到货尺寸核对无误对无误对打孔。
6. 基础与围栏之间的地面铺设水泥砖。
7. 基础露出地面部分外贴瓷砖。规格、颜色与分接箱配合协调。
8. 通风窗采用 2mm 厚钢板冲压百叶窗，护栏现场焊接，百叶窗孔隙木大于 10mm。百叶窗外框为 L25×4。
9. 护栏门上加挂锁，并设防雨板，护栏处焊接后方可施工。
10. 电缆进出线埋管应按实际情况确定。
11. 施工前请确认箱体尺寸无误后方可施工（箱体外形尺寸 3000×850）。

入口（根据电气布置方向确定）

图 1-4 美式箱式变电站基础平面设计图

1.1.5 XA-2-T方案（欧式箱式变电站基础）

欧式箱式变电站基础平面设计图如图1-5所示。欧式箱式变电站基础剖面设计图如图1-6所示。

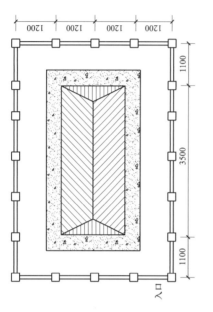

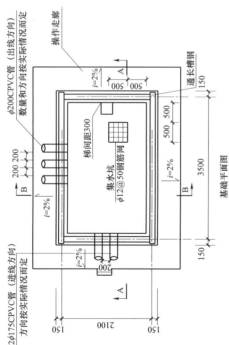

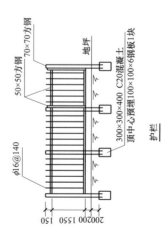

说明：1. 结构混凝土强度等级应≥C25，基础垫层混凝土强度等级为C15（厚度150mm）。外露部位贴瓷砖，规格、颜色与箱体配合协调。
2. 地基处理按实际情况采取的措施。
3. 基础与围栏之间的地面铺设混凝土预制砖。
4. 箱体尺寸长×宽以供货厂家提供的尺寸为准。
5. 电缆进出线埋管应根据供货厂家提供的活动底板位置确定。
6. 爬梯位置根据供货2mm厚钢板的距离确定。钢爬梯涂刷红丹2道，面漆2道。
7. 通风窗采用2mm厚钢板百叶窗，百叶窗孔隙不大于10mm。百叶窗外框为L25mm×25mm×4mm。
8. 护栏与箱体外壳固接，并设防雨窗，护栏现场焊接，护栏上加挂锁，护栏门打开≥90°。
9. 护栏除锈后涂刷红丹2道，面漆2道，焊缝处做好防腐处理。
10. 基础与地板及箱体基础与操作走廊基础间设置10mm宽的贯通变形沉降缝，采用24号镀锌铁皮，焊缝处做好防水材料密封。
11. 所有线管穿混凝土结构处设置防水套管，套管与线管间填充沥青麻丝，防水材料密封。泡沫、沥青麻丝、沥青砂浆、密封材料填塞。聚苯

图1-5 欧式箱式变电站基础平面设计图

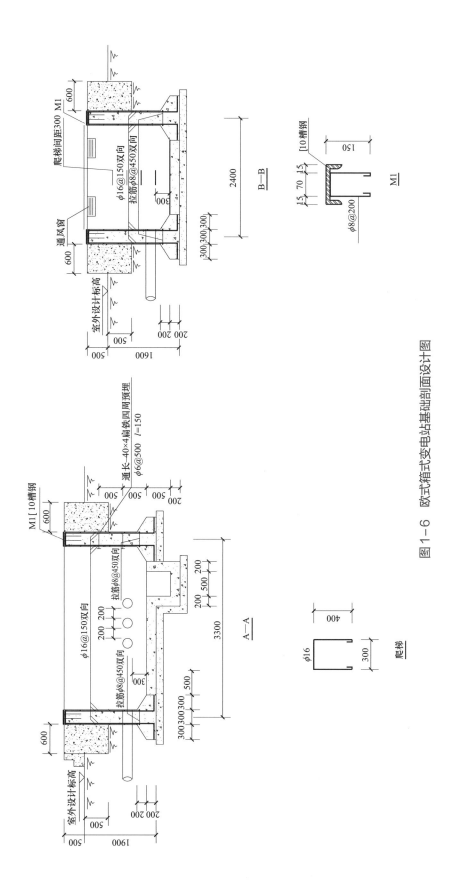

图1-6 欧式箱式变电站基础剖面设计图

1.2 适 用 范 围

（1）NX-JC-1 适用于独立安装的环网箱。

（2）NX-JC-2 适用于一体化安装的环网箱。

（3）NX-JC-3 适用于位置在绿化带内的环网箱。

（4）XA-1 一般适用于配电室建设改造困难或临时用电的情况。

（5）XA-2 适用于城镇区电缆区域；适宜防火间距不足、地势狭小、选址困难区域。

1.3 流 程 图

环网箱/箱式变电站基础施工流程图如图 1-7 所示。

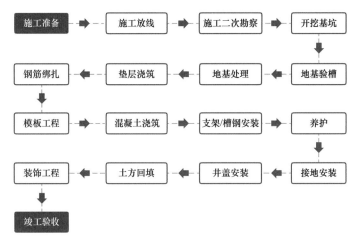

图 1-7 环网箱/箱式变电站基础施工流程图

1.4 施 工 环 节

1.4.1 施工准备

1.4.1.1 材料准备

1. 施工材料

水泥、砂、石子、工程用水、天然级配砂石、灰土、粉煤灰、混凝土、钢筋、绑扎丝、铅丝、保护层控制材料、模板、脱模剂、塑料薄膜、接地材料、基础型钢、防腐材料、防水材料、电缆支架、井盖、雨箅子等。主要材料皆需提供出厂合格证、试验（原材）报告。

（1）水泥：混凝土结构工程用水泥应按同一生产厂家、同一强度等级、同一品种、同一批号且连续进场的水泥。

（2）砂：宜采用平均粒径 0.35～5.50mm 的中砂。使用前应根据使用要求过筛，保持洁净。进场后按相关标准检验，有害物质含量小于 1%，含泥量不宜超过 3%。

（3）石子：工程中水泥混凝土及其制品用石，应选用同一产地天然岩石或卵石经破碎、筛分而得，公称粒径大于 5.00mm 的岩石颗粒。

（4）工程用水：宜采用饮用水，若使用河水、湖水、井水等，应经检测合格后方可使用。

（5）天然级配砂石：宜采用质地坚硬的中砂、粗砂、粒砂、碎石、石屑等；也可采用细砂，但应按照设计要求掺入一定量的碎石和卵石，且颗粒级配良好。级配砂石不得含有草根、树叶、塑料袋等有机杂物及垃圾，含泥量不宜超过 5%。

（6）灰土：配合比一般为 2:8 或 3:7（体积比），拌和时应做到拌和均匀、颜色一致、控制含水量。

（7）粉煤灰：宜采用粉煤灰粒径 0.001～2.000mm，氯化铝及二氧化硅含量≥70%，烧失量≤10%，含水量±1%。

（8）混凝土：应采用预拌式混凝土。在特殊情况下可采用自拌式混凝土，砂、石、水泥等原材料应出具复试报告、混凝土实验室配合比、出厂合格证等质量证明文件。

（9）钢筋：钢筋的品种、规格、性能、数量等应符合现行国家产品标准和设计要求，钢筋进场时，应进行外观检查，钢筋应平直、无损伤，表面不得有裂纹、油污、颗粒状或片状老锈，应按 GB/T 1499.1—2017《钢筋混凝土用钢　第 1 部分：热轧光圆钢筋》、GB/T 1499.2—2018《钢筋混凝土用钢　第 2 部分：热轧带肋钢筋》等规定抽取试件作力学性能试验，其质量必须符合相关标准规定，并检查产品标牌、产品合格证、出厂检验报告，所有钢筋皆需提供复试报告。当采用进口钢筋或加工过程中发生脆断等特殊情况，还需做化学成分检验。表面标示与产品证明文件内容应一致，使用单位应当在台账中予以记录，收集并保存产品标牌。产品质量证明书应为原件，复印件必须有保存原件单位的公章、责任人签名、送货日期及联系方式。

（10）绑扎丝：采用 20～22 号铁丝（火烧丝）或镀锌铁丝。绑扎丝切断长度应满足使用要求。

（11）保护层控制材料：混凝土垫块用细石混凝土制作，且应与现场浇筑混凝土等级相符。

（12）模板：采用木胶合板、竹胶合板、复合型模板等，材料应表面平整，强度、刚度及承载力满足要求并符合国家标准规范。

（13）接地材料：采用热镀锌角钢、钢管作为垂直接地极，严禁使用镀铅材料（易造成环境污染）。水平连接应采用热镀锌扁钢。钢材的品种、规格、性能等应符合现行国家产品标准和设计要求。

（14）基础型钢：必须符合国家标准，热镀锌防腐。

（15）防腐材料：石油沥青、环氧粉末涂层、环氧树脂涂料、聚氨酯防腐漆等。

（16）防水材料：卷材防水层、水泥砂浆层、涂料防水层等。

（17）电缆支架：金属电缆支架、复合型电缆支架等。

（18）井盖：井盖的强度应满足使用环境中可能出现的最大荷载要求，且应满足防水、防振、防跳、耐老化、耐磨、耐极端气温等使用要求；盖座保持顶平，井盖上表面不应有拱度，井盖与井座的接触面应平整、光滑；铸铁井盖与井座应为同一种材质，井盖与井座装配尺寸应符合 GB/T 6414—2017《铸件　尺寸公差、几可公差与机械加工余量》的要求，井盖直径为 80cm；井盖上表面应有防滑花纹，A15、B125、C250 型花纹高度为 2～6mm，D400、E600、F900 型花纹高度为 3～8mm，凹凸部分面积与整个面积相比不应小于 10%，不应大于 70%；井盖的使用寿命不宜小于 30 年。

2. 技术、安全、质量准备

（1）图纸会检：严格按照国家电网有限公司《电力建设工程施工技术管理导则》的要求做好图纸会检工作。

（2）技术、安全、质量交底：应按照《电力建设工程施工技术管理导则》规定，每个分项工程必须分级进行施工技术、安全、质量交底。交底内容要充实，具有针对性和指导性，全体参加施工的人员都要参加交底并签名，形成书面交底记录。

3. 机械/工器具准备

（1）施工机械/工器具进场清单及检验报告、试验报告、安全准用证、规格、型号等相关资料准备齐全并进行报审。

（2）主要机械：挖掘机、装载机、自卸翻斗车、混凝土搅拌运输车、混凝土泵车、压路机、吊车、钢筋调直机、钢筋切断机、钢筋弯曲机等。

（3）主要工器具：打夯机、电焊机等。

1.4.1.2　引用标准

（1）GB/T 1596—2017《用于水泥和混凝土中的粉煤灰》。

（2）GB/T 14684—2019《建设用砂》。

（3）GB/T 14685—2019《建设用卵石、碎石》。

（4）GB/T 14902—2019《预拌混凝土》。

（5）JGJ 52—2006《普通混凝土用砂、石质量及检验方法标准》。

（6）GB 50204—2015《混凝土结构工程施工质量验收规范》。

（7）GB 175—2007《通用硅酸盐水泥》。

（8）JGJ 55—2019《普通混凝土配合比设计规程》。

1.4.2 施工放线

1.4.2.1 施工质量要点

（1）环网箱/箱式变电站基础开挖前，根据图纸确定环网箱/箱式变电站基础的走向，清理现场杂物平整地面，采用经纬仪、拉线、尺量等方法定出环网箱/箱式变电站基础的基准线，用石灰粉画出开挖线路的范围。

（2）根据设计施工图，须核对环网箱/箱式变电站基础准确位置，钉立轴线控制桩、标高控制桩。基础放线示意图如图1-8所示。

现场平整地面，采用经纬仪、拉线、尺量等方法定出基础的基准线，用石灰粉画出开挖线路的范围

图1-8 基础放线示意图

1.4.2.2 质量验收标准

（1）中心线位移偏差：不大于10mm。

（2）基础标高偏差：0～−10mm。

（3）长度、宽度（由设计中心线向两边量）偏差0～100mm。

1.4.2.3 引用标准

GB 50026—2007《工程测量规范》。

1.4.3 施工二次勘察

1.4.3.1 勘察要点

（1）地基基础工程施工前，必须具备完备的地质勘察资料及工程附近管线、建筑物、构筑物和其他公共设施的构造情况，必要时应做施工勘察和调查，以确保工程质量及临近建筑的安全。

（2）环网箱/箱式变电站基础在全面开挖前，应在设计的环网箱/箱式变电站基础线位上先挖样洞，以了解土壤和地下管线的分布情况，若发现问题，及时提出解决办法。样洞的数量可根据地下管线的复杂程度来决定，在线路转弯处、交叉路口和有障碍物的地方均需开挖样洞。

（3）如遇特殊情况，例如坑穴、古墓、古井等，直接观察难以发现时，应提出差异化设计变更；在进行直接观察时，可用袖珍式贯入仪作为辅助手段。

1.4.3.2 特殊情况

（1）开挖基槽与现状管线交叉或平行，且不满足电缆与电缆或管道、道路、构筑物等相互间容许最小净距（参见 DL/T 1253—2013《电力电缆线路运行规程》附录 C）时，应对现状管线采用悬吊、改移、加固、包封等措施，制订专项保护方案，具体方案应取得管线运维单位同意，必要时请管线运维单位现场指导施工。

（2）在不具备基础施工作业条件的情况下，应由建设方会同设计方、监理方调整设计方案。

1.4.3.3 引用标准

（1）GB 50026—2007《工程测量规范》。

（2）GB 50021—2001《岩土工程勘察规范 2009 年版》。

1.4.4 开挖基坑

1.4.4.1 施工质量要点

（1）土方开挖的顺序、方法必须与设计工况相一致，并遵循"开槽支撑，先撑后挖，分层开挖，严禁超挖"的原则。

（2）复核环网箱/箱式变电站基础中心线走向、折向控制点位置及宽度的控制线，环网箱/箱式变电站基础的挖掘尺寸要保证电缆敷设后的弯曲半径不小于相关规程规定。

（3）应根据基坑深度、地质情况和周围环境，采取适当的开挖方式。基坑开挖示意图如图 1–9 所示。基坑开挖应采用机械开挖、人工修整的方法。机械挖土应严格控制标高，防止超挖或扰动地基，应分层、分段开挖，设有支撑的基坑须按施工方案要求及时加撑；基底设计标高以上 200～300mm 应用人工修整（见图 1–10）。

图1-9 基坑开挖示意图

图1-10 人工修槽示意图

（4）基坑土方开挖至基础底部设计标高时，应根据土质情况及基底深度放坡，宜在环网箱/箱式变电站基础基坑四侧设排水沟及集水坑，以防止基坑坍塌。

（5）在场地条件、地质条件允许的情况下，采用放坡开挖；在基坑开挖前及过程中，根据相关规程、规范要求设置基坑的围护或支护措施。开挖深度小于 2m 的基坑可采用横列板支护；开挖深度不小于 2m 且不大于 5m 的基坑宜采用钢板桩支护。支护桩的深度及横向支撑的大小及间距：一般支撑的水平间距不大于 2m；横向支撑应做好伸缩调节措施，围檩与钢板桩应固定可靠。

（6）基坑底部施工面为设计横断面宽度四边各加 500mm，便于模板支设及基坑支护等工作。

（7）基坑开挖应采取防水措施，其底部排水沟的坡度不应小于 0.5%，并应设集水坑，将积水排出，局部较深处可以考虑采取井点降水，地下水应降至基坑底部 −1.0～−1.5m。

（8）集水坑尺寸应能满足排水泵放置要求。排水可采用机械排水和自然排水，集水坑尺寸应满足排水方式的要求，并在图纸中标注说明。排水沟及集水坑应与侧壁保持足够距离，不影响基坑施工。

（9）基坑边沿 1.0m 范围内严禁堆放土、设备或材料等，1.0m 以外的堆载高度不应大于 1.5m。

（10）基坑四周用钢管、密目式安全网围护，设安全警示杆，夜间设警示灯，并安排专人看护。

（11）基坑开挖完成后，应进行"五方"（业主、地勘、设计、监理、施工单位相关人员）验槽，验收合格后方可进行下步施工。

1.4.4.2 特殊部分

（1）雨季施工时，应尽量缩短开槽长度，逐段、逐层分期完成，并采取措施防止雨水流入基坑。

（2）冬季施工时，基坑挖至基底要及时覆盖，以防基底受冻。

（3）遇到障碍物时，由设计单位进行现场勘察后，出具设计变更图纸。

1.4.4.3 质量验收标准

基坑开挖工程质量标准和检验方法见表 1−1。

表 1−1　　　　　　　　　基坑开挖工程质量标准和检验方法

类别	序号	检查项目			质量标准	单位	检验方法及器具
主控项目	1	基底土性			应符合设计要求		观察检查及检查试验记录
	2	边坡、表面坡度			应符合设计要求和现行国家及行业有关标准的规定		观察或用坡度尺检查
	3	标高偏差	基坑、基槽		−50～0	mm	用水准仪检查
			挖方场地平整	人工	±30		
				机械	±50		
			管沟		−50～0		
			地（路）面基层*		−50～0		

类别	序号	检查项目			质量标准	单位	检验方法及器具
主控项目	4	长度、宽度（由设计中心线向两边量）偏差	基坑、基槽		−50～+200	mm	用经纬仪和钢尺检查
			挖方场地平整	人工	−100～+300		
				机械	−150～+500		
			管沟		0～+100		
一般项目	1	表面平整度	基坑、基槽		≤20	mm	用靠尺和楔形塞尺检查
			挖方场地平整	人工	≤20	mm	用水准仪检查
				机械	≤50	mm	
			管沟		≤20	mm	用水准仪检查
			地（路）面基层*		≤20		

* 地（路）面基层的偏差只适用于直接在挖、填土上做地（路）面的基层。

1.4.4.4 引用标准

（1）GB 50007—2011《建筑地基基础设计规范》。

（2）GB 50202—2018《建筑地基基础工程施工质量验收标准》。

（3）JGJ 180—2009《建筑施工土石方工程安全技术规范》。

1.4.5 地基验槽

1.4.5.1 施工质量要点

（1）应做好验槽准备工作，熟悉勘察报告及设计图纸。当遇有下列情况时，应列为验槽的重点：

1）持力土层的顶板标高有较大的起伏变化时；

2）基础范围内存在两种以上不同成因类型的地层时；

3）在雨季或冬季等不良气候条件下施工，基底土质可能受到影响时。

（2）验槽应首先核对基槽的施工位置、平面尺寸和槽底标高是否与设计图纸相符。验槽方法宜以使用袖珍贯入仪等简便易行的方法为主，必要时可在槽底普遍进行轻便钎探。当持力层下埋藏有下卧砂层而承压水头高于基底时，则不宜进行钎探，以免造成涌砂。当施工揭露的岩土条件与勘察报告有较大差别或者验槽人员认为必要时，可有针对性地进行补充勘察工作。地基验槽示意图如图1-11所示。

（3）检查基槽边坡外缘与附近建筑物的距离，明确基坑开挖是否对建筑物的稳定性产生影响。

（4）检查核实分析钎探资料，对存在异常处进行复核检查。

（5）基槽检验记录是重要技术档案，应做到资料齐全、及时归档。

（6）根据图纸及地质勘察报告要求，查勘现场土质，应对基底标高、基坑轴线、边坡坡度等进行复测,应组织相关人员(业主单位、勘察单位、设计单位、监理单位、施工单位)进行验槽,并签署肯定性结论,做好相关记录。

对基槽的施工位置、平面尺寸和槽底标高进行复核

图1-11 地基验槽示意图

1.4.5.2 质量验收标准
(1)土方不应超挖、欠挖,允许偏差50mm。
(2)基坑、基槽的标高偏差-50~0mm。
(3)人工场地平整的标高偏差±30mm。
(4)机械场地平整的标高偏差±50mm。
(5)人工挖方场地平整的表面平整度偏差不大于20mm。
(6)机械挖方场地平整的表面平整度偏差不大于50mm。

1.4.5.3 引用标准
GB 50202—2018《建筑地基基础工程施工质量验收标准》。

1.4.6 地基处理

1.4.6.1 施工质量要点
(1)根据地基处理方案,对勘察资料中场地工程地质及水文地质条件进行核查和补充;设计单位对详勘阶段遗留问题或地基处理设计中的特殊要求进行有针对性的勘察,提供地基处理所需的岩土工程设计参数,评价现场施工条件及施工对环境的影响。
(2)当地基处理施工中发生异常情况时,设计单位进行二次勘察,查明原因,为调整、变更设计方案提供岩土工程设计参数,并提供处理的技术措施。

（3）灰土地基：灰土土料、石灰或水泥（当水泥替代灰土中的石灰时）等材料及配合比应符合设计要求，灰土应搅拌均匀。施工过程中应检查分层铺设的厚度、分段施工时上下两层的搭接长度、夯实时加水量、夯压遍数、压实系数。

（4）砂和砂石地基：砂、石等原材料质量、配合比应符合设计要求，砂、石应搅拌均匀。施工过程中必须检查分层厚度、分段施工时搭接部分的压实情况、加水量、压实遍数、压实系数。

（5）粉煤灰地基：施工前应检查粉煤灰材料，并对基槽清底状况、地质条件予以检验。施工过程中应检查铺筑厚度、碾压遍数、施工含水量控制、搭接区碾压程度、压实系数等。基槽压实系数检测示意图如图1-12所示。

图1-12　基槽压实系数检测示意图

1.4.6.2　特殊情况

（1）遇湿陷性黄土、淤泥、冻土、流沙土、渣土、垃圾土等特殊地质时，应进行相应的地基处理。

（2）遇高水位时，应联系勘察设计单位确定降水点进行降水或引水。

（3）雨季施工：换填基坑（槽）时，应备好防雨和排水机具，防止地表水流入槽坑内。刚夯打完或尚未夯实的换填土如受雨淋浸泡，应将积水及松散软土除去，补填夯实。

（4）冬季施工：冬季施工时，每层铺筑厚度要比常温下减少20%～50%，且不得采用冻土或夹有冻土块的土料，要做到随筛、随拌、随盖，认真执行留槎、接槎和分层夯实的规定。气温在-5℃以下不宜进行换填施工，若施工应采取覆盖保温防冻措施。

（5）制订专项施工方案。

1.4.6.3 质量验收标准

（1）灰土地基质量验收标准（见表1-2）。

表1-2 灰土地基质量验收标准

序号	检查项目	允许偏差或允许值	
		单位	数值
1	地基承载力	设计要求	
2	配合比	设计要求	
3	压实系数	设计要求	
4	石灰粒径	mm	≤5
5	土料有机质含量	%	≤5
6	土颗粒粒径	mm	≤15
7	含水量（与要求的最优含水量比较）	%	±2
8	分层厚度偏差（与设计要求比较）	mm	±50

（2）砂/砂石地基质量验收标准（见表1-3）。

表1-3 砂/砂石地基质量验收标准

序号	检查项目	允许偏差或允许值	
		单位	数值
1	地基承载力	设计要求	
2	配合比	设计要求	
3	压实系数	设计要求	
4	砂石料有机杂物含量	%	≤5
5	砂石料含泥量	%	≤5
6	石料粒径	mm	≤100
7	含水量（与最优含水量比较）	%	±2
8	分层厚度（与设计要求比较）	mm	±50

（3）粉煤灰地基质量验收标准（见表1-4）。

表1-4 粉煤灰地基质量验收标准

序号	检查项目	允许偏差或允许值	
		单位	数值
1	地基承载力	设计要求	
2	压实系数	设计要求	

序号	检查项目	允许偏差或允许值	
		单位	数值
3	粉煤灰粒径	mm	0.001~2.000
4	氯化铝及二氧化硅含量	%	≥70
5	烧失量	%	≤10
6	每层铺筑厚度	mm	±50
7	含水量（与最优含水量比较）	%	±1

1.4.6.4 引用标准

（1）GB 50202—2018《建筑地基基础工程施工质量验收标准》。

（2）JGJ 79—2012《建筑地基处理技术规范》。

1.4.7 垫层浇筑

1.4.7.1 施工质量要点

（1）应确保垫层下的地基稳定且已夯实、平整。

（2）若有地下水则应采取适当的处理措施，在垫层混凝土浇筑时应保证无水施工。

（3）混凝土的强度、坍落度应满足设计要求。混凝土不能有离析现象。

（4）混凝土浇筑的方法应满足施工方案要求。混凝土浇筑的振捣方法一般采用平板振捣器振捣，振捣时间不宜过长。垫层混凝土应密实，上表面应平整。

（5）浇筑混凝土垫层前，应清除基坑杂物，基底表面平整度应控制在 20mm 以内。

（6）根据基坑开挖标高控制桩上的标高控制线，按设计要求向下量出垫层标高，钉好相应垫层控制桩。

（7）垫层混凝土浇筑要求。

1）拌和混凝土：现场原材料计量应专人负责，必须按配合比以质量计量。质量允许偏差：水泥±2%；粗细骨料±3%；水、外加剂溶液±2%。应按规定比例、顺序投料，先加石子，后加水泥，最后加砂和水。混凝土搅拌时间一般不小于 90s。

2）混凝土应从一端开始连续浇筑，间歇时间不得超过 2h。

3）采用平板振捣器，其移动间距应保证振捣器的平板能覆盖已振实部分的边缘。

4）混凝土振捣密实后，以垫层控制桩上水平控制点为标志，先刮平，然后表面搓平。带线检查平整度，高出的地方铲平，凹的地方补平并补充振捣。

5）浇筑完毕后，应在 12h 内覆盖塑料薄膜等进行保湿养护。养护期应满足设计要求并设专人检查落实，强度达到 $1.2N/mm^2$ 前，不得在其上踩踏或安装其他模板支架等。基础垫层浇筑完成效果图如图 1-13 所示。

混凝土标高偏差±10mm，表面平整度
偏差≤10mm

图1-13 基础垫层浇筑完成效果图

1.4.7.2 特殊情况

如遇冬、雨季施工，露天浇筑的混凝土垫层均应另行编制季节性施工方案，制订有效的技术措施，以确保工程质量。

1.4.7.3 质量验收标准

（1）垫层厚度不大于设计厚度的1/10且不大于20mm。

（2）标高偏差：±10mm。

（3）表面平整度偏差：不大于10mm。

1.4.7.4 引用标准

（1）GB 50666—2011《混凝土结构工程施工规范》。

（2）GB 50204—2015《混凝土结构工程施工质量验收规范》。

（3）JGJ 55—2019《普通混凝土配合比设计规程》。

（4）GB/T 14902—2012《预拌混凝土》。

（5）GB 50164—2011《混凝土质量控制标准》。

（6）GB/T 50107—2010《混凝土强度检验评定标准》。

1.4.8 钢筋绑扎

1.4.8.1 施工质量要点

（1）基础底板下层钢筋绑扎：

1）根据设计图纸要求的钢筋间距弹出底板钢筋位置。

2）按底板钢筋受力情况，确定主受力筋方向（设计无指定时，一般为短跨方向）。

下层钢筋先铺主受力筋，再铺纵向钢筋；上层钢筋在梯子筋上先铺设纵向钢筋，再铺设主筋，绑扎牢固。基础底板钢筋绑扎示意图如图1-14所示。

3）底板钢筋绑扎可采用顺扣或八字扣，绑点数量应满扎，绑扎牢固。

4）受力钢筋直径不小于16mm时，宜采用机械连接；直径小于16mm时可采用绑扎连接，搭接长度及接头位置应符合设计及规范要求。

5）钢筋绑扎后应随即垫好垫块，间距不宜大于1000mm，梅花状布置。

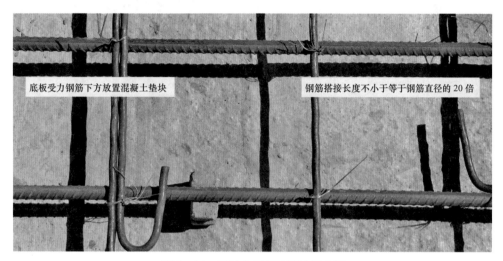

图1-14　基础底板钢筋绑扎示意图

（2）基础底板上层钢筋绑扎：

1）钢筋马镫采用纵向梯形架立筋，间距为2倍纵向钢筋间距，并与底板下层主钢筋绑牢。马镫架设在板下层的主筋上，架立筋立棍与纵筋周圈绑扎，纵向连接采用绑扎方法，搭接长度应符合设计或规范规定，相互错开。马镫安装示意图如图1-15所示。

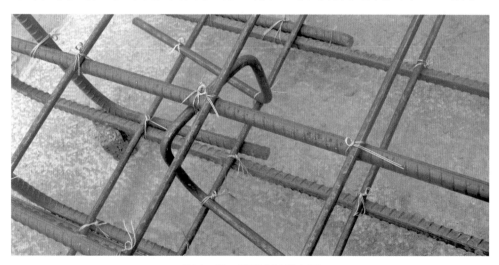

图1-15　马镫安装示意图

2）在马镫上绑扎上层定位钢筋，并在其上标出钢筋间距，然后绑扎纵、横方向钢筋。基础盖板钢筋绑扎效果图如图 1–16 所示。

图 1–16　基础盖板钢筋绑扎效果图

（3）墙体插筋绑扎，根据弹好的墙体位置线，将伸入基础底板的插筋绑扎牢固。插筋锚入底板深度应符合设计要求，其上部绑扎两道以上水平筋和水平梯形架立筋，其下部伸入底板部分在钢筋交叉处内部绑扎水平筋，以确保墙体插筋垂直，不位移。斜拉筋必须与底板、侧墙外侧纵向钢筋钩住绑扎，节点内纵向钢筋位于底板、侧墙主筋交叉点内侧绑扎。

（4）底板钢筋和墙插筋绑扎完毕后，经检查验收合格后，方可进行下道工序施工。

（5）基础必须使用热镀锌电缆支架预埋件，相关规格符合设计规范要求。

（6）钢筋的绑扎应均匀、可靠，间距、排距、搭接长度、保护层厚度、预埋件位置符合设计要求。确保在混凝土振捣时钢筋不会松散、移位；绑扎的铁丝不应露出混凝土本体。

（7）同一构件相邻纵向受力钢筋的绑扎搭接接头应相互错开，并满足规范要求。

（8）箍筋转角与钢筋的交叉点均应扎牢，箍筋的末端应向内弯；底板钢筋绑扎完成后，应采取防止踩踏变形的技术措施。

1.4.8.2　质量验收标准

（1）受力钢筋的品种、级别、规格和数量符合设计要求。

1）检查数量：全数检查。

2）检验方法：观察和尺量检查。

（2）受力钢筋的连接方式符合设计要求。

1）检查数量：全数检查。

2）检验方法：观察检查。

（3）钢筋机械连接或焊接接头的力学性能，按 JGJ 107—2016《钢筋机械连接技术规程》或 JGJ 18—2012《钢筋焊接及验收规程》的规定抽取钢筋机械连接接头或焊接接头试件做力学性能检验，试验结果合格。

1）检查数量：按有关规定确定。

2）检验方法：检查产品合格证、接头力学性能试验报告及尺量。

（4）钢筋加工质量验收标准（见表 1-5）。

表 1-5 钢筋加工质量验收标准

序号	项目	允许偏差（mm）	检验方法
1	受力钢筋成型长度	+5，-10	用尺量
2	弯起钢筋的弯起点位置	±20	用尺量
3	箍筋尺寸	0，-3	用尺量，宽、高各计 1 点

（5）采用机械连接接头或焊接接头的外观检查，其质量应符合有关标准、规程的规定。

1）检查数量：全数检查。

2）检验方法：观察、尺量检查。

（6）钢筋绑扎质量验收标准见表 1-6，检查数量：在同一检验批内，应抽查构件数量的 10%，且不少于 3 件。

表 1-6 钢筋绑扎质量验收标准

项目		允许偏差（mm）	检验方法
受力钢筋成型长度	间距	±10	用尺量
	排距	±5	用尺量
	保护层厚度	0~3	用尺量
绑扎箍筋间距		±20	用尺量
钢筋弯起点位移		≤20	用尺量
预埋件	中心线位移	≤5	用尺量
	水平高差	0~3	用尺量

（7）成品保护：

1）加工成型的钢筋应按指定地点用垫木垫平并码放整齐，防止钢筋变形、锈蚀、油污。

2）钢筋吊运及绑扎时，应注意保护防水层，防止被钢筋碰破。

3）底板钢筋绑扎，支撑马镫要绑扎牢固，垫块数量、强度应满足要求，以保证底板钢筋整体质量。

（8）检查钢筋原材质量、加工工艺，应符合设计图纸要求。

（9）受力钢筋成型长度允许偏差+5、−10mm，箍筋尺寸允许偏差0、−3mm，受力钢筋间距允许偏差±10mm，排距允许偏差±5mm，保护层厚度允许偏差0～+3mm，预埋件中心线位移允许偏差≤5，水平高差0～+3mm，绑扎箍筋间距允许偏差±20mm。

（10）检查是否安装牢固、支撑严密。

1.4.8.3 引用标准

（1）JGJ 107—2016《钢筋机械连接技术规程》。

（2）JGJ 18—2012《钢筋焊接及验收规程》。

（3）GB 50204—2015《混凝土结构工程施工质量验收规范》。

1.4.9 模板工程

1.4.9.1 施工质量要点

（1）基础模板支护、拆模应符合专项施工方案的要求。

（2）基础模板支护应遵循下列原则：

1）模板应平整、表面应清洁，并具有一定的强度，保证在支撑或维护构件作用下不破损、不变形。支模中应确保模板的水平度和垂直度。

2）模板尺寸不应过小，应尽量减少模板的拼接。模板的拼接、支撑应严密、可靠，确保振捣中不走模、不漏浆。基础模板支护示意图如图1−17所示。

图1−17　基础模板支护示意图

3）模板与混凝土接触表面应涂抹脱模剂，脱模剂的品种和涂刷方法应符合专项施工方案的要求。脱模剂不得影响结构性能，应使用水溶性脱模剂。

4）在浇筑混凝土之前，模板内部应清洁干净无任何杂质，应充分湿润模板但不应积水。

5）模板采取必要的加固措施，提高模板的整体刚度。模板接缝处用海绵条填实，防止漏浆。

6）在底板和侧墙设置混凝土垫块，保证保护层的厚度。

（3）基础模板须采取一体成型的施工方法进行支护，以满足混凝土整体浇筑的要求。

（4）遇水膨胀止水条：

1）混凝土施工缝界面硬化后，扫去浮渣、尘土、杂物等，露出坚硬基底。

2）遇水膨胀止水条接头处搭接不小于直径的2倍，不得延展留有断点；对于立面施工缝，应先预留定位浅槽，将止水条镶嵌在预留槽中，通过隔离纸均匀压实。

3）止水条粘贴部位可以选择在开口处横向安装。

4）电缆保护管与基础连接处，应在电缆保护管缠绕2道遇水膨胀止水条。

（5）基础模板拆除应遵循下列原则：先支后拆，后支先拆；先拆不承重的模板，后拆承重部分的模板；自上而下；先拆侧向支撑，后拆竖向支撑。

（6）基础侧墙模板拆除：

1）侧墙模板拆除时，混凝土强度应能保证其表面及棱角不因拆除模板受损坏。

2）墙模板拆除应逐块拆除，先拆除斜拉杆或斜支撑，再拆除钢管卡，然后用手锤向外侧轻击模板上口，用撬棍轻轻撬动模板，使模板脱离墙体，将模板逐块传递码放。

（7）基础顶板模板拆除：

1）模板拆除时，应根据混凝土的强度填写拆模申请，经批准后，方可拆模。

2）下调支柱的可调托，然后拆下"U"形卡和纵向方木，再轻撬模板，或用锤子轻敲，拆下第一块，然后逐块、逐跨拆除模板。拆除的模板传递放于地面上，或搭设临时支架，托住下落的模板，严禁使模板自由落下。

3）拆除模板由一端向另一端顺序进行。

1.4.9.2　特殊情况

（1）在模板安装时，在不具备模板支护条件，无法达到规范所要求的强度、刚度的情况下，允许采用止水穿墙螺杆，但须采取相应的防渗漏措施，并进行闭水试验。

（2）当施工作业面不满足支模施工要求时，可采用砌体支护代替外模。

1.4.9.3　质量验收标准

（1）保证模板的垂直度、水平度，两块模板之间拼接缝隙、相邻模板面的高低差不大于2.0mm。

（2）模板安装的允许误差：截面内部尺寸−5～+4mm；表面平整度不大于5mm；相邻板高低差不大于2mm；相邻板缝隙不大于3mm。

（3）检查模板尺寸、规格。

（4）检查模板平整度、表面清洁的程度。

（5）检查模板是否安装牢固、支撑严密。

（6）检查拆模时，混凝土强度应能保证其表面、棱角不受损伤。

（7）拆除的模板和支架宜分散堆放并及时清运。

（8）顶部模板拆除规范要求（见表1-7）。

表1-7　　　　　　　　　　　顶部模板拆除规范要求

构件种类	构件跨度（m）	拆模强度（按设计强度等级的百分率计）
顶板	≤2	≥50
	2～8	≥75
	>8	≥100

（9）基础模板安装及拆除工程质量标准和检验方法（见表1-8）。

表1-8　　　　　　　　　　基础模板安装及拆除工程质量标准和检验方法

类别	序号	检查项目			质量标准	单位	检验方法及器具
主控项目	1	模板及其支架			应根据工程结构形式、荷载大小、地基土类别、施工设备和材料供应等条件进行设计。模板及其支架应具有足够的承载能力、刚度和稳定性，能可靠地承受浇筑混凝土的重力、侧压力以及施工荷载		检查计算书，观察和手摇动检查
	2	上、下层支架的立柱			应对准，并铺设垫板		观察检查
	3	隔离剂			不得沾污钢筋和混凝土接槎处		观察检查
	4	模板及支架拆除			模板及其支架拆除的顺序及安全措施应按施工技术方案执行		观察检查
	5	底模及支架拆除时的混凝土强度	设计有要求时		应符合设计要求	%	检查同条件养护试件强度试验报告
			无设计要求时	板 ≤2m	≥50		
				>2m且≤8m	≥75		
				>8m	≥100		
			悬臂构件		≥100		
一般项目	1	模板安装			（1）模板的接缝不应漏浆，木模板应浇水湿润，但模板内不应有积水。（2）模板与混凝土的接触面应清理干净，并涂刷隔离剂。（3）模板内的杂物应清理干净。（4）应使用能达到设计效果的模板		观察检查
	2	预埋件、预留孔（洞）			应齐全、正确、牢固		观察和手摇动检查
	3	标高	普通清水混凝土		±5	mm	尺量检查
	4	相邻板面高低差	普通清水混凝土		3	mm	尺量检查
	5	模板垂直度	≤5m	普通清水混凝土	4	mm	尺量检查
			>5m	普通清水混凝土	6		

类别	序号	检查项目		质量标准	单位	检验方法及器具
一般项目	6	表面平整度	普通清水混凝土	3	mm	尺量检查
	7	预留洞口	中心线位移 普通清水混凝土	8	mm	尺量检查
			孔洞尺寸 普通清水混凝土	0～8		
	8	预埋件、管、螺栓中心线位移	普通清水混凝土	3	mm	用拉线和尺量检查
	9	侧模拆除		混凝土强度应能保证其表面及棱角不受损伤		观察检查
	10	模板拆除		模板拆除时,不应对楼层形成冲击荷载。拆除的模板和支架宜分散堆放并及时清运		观察检查

1.4.9.4　引用标准

（1）GB 50666—2011《混凝土结构工程施工规范》。

（2）GB 50204—2015《混凝土结构工程施工质量验收规范》。

（3）GB 50300—2013《建筑工程施工质量验收统一标准》。

（4）GB 50208—2011《地下防水工程质量验收规范》。

1.4.10　混凝土浇筑

1.4.10.1　施工质量要点

（1）环网箱/箱式变电站基础混凝土结构的抗渗等级应不小于 P6,抗渗混凝土试件应在浇筑地点随机取样,抗渗性能应符合设计要求。

（2）浇筑前,混凝土应搅拌均匀,坍落度应满足相关技术标准。混凝土浇筑时,应振捣密实,检查模板有无移位、漏浆。混凝土自由下落高度不大于 2m,如超过 2m 应增设软管或串筒等措施。基础混凝土浇筑示意图如图 1-18 所示。

（3）浇筑混凝土应连续进行,如必须间歇,其间歇时间应在分层混凝土初凝前完成上层混凝土的浇筑。墙体混凝土浇筑时应分层连续对称进行,两侧墙必须均匀浇筑。按图纸和规范要求合理设置施工缝。

（4）在采用插入式振捣时,混凝土分层浇筑时应注意振捣器的有效振捣深度。振捣墙身混凝土应用 ϕ35mm 插入式振捣器。振捣底板混凝土应用平板式振捣器。混凝土浇筑现场应配备备用振捣器。

（5）振捣时间应控制在 25～40s,应使混凝土表面呈现浮浆和不再沉落。混凝土不应有离析现象。

（6）侧墙浇筑方法与底板浇筑方法相同,但下料速度、浇筑速度必须严格控制。下料后，混凝土要立即摊平、及时振捣，保证外观质量。

现场混凝土浇筑时的自由下落高度≤2m，防止混凝土出现离析

图1-18　基础混凝土浇筑示意图

（7）混凝土浇筑后采取适当的养护措施，保证本体混凝土强度正常增长。钢筋混凝土结构的承重模板、支架应在混凝土的强度能承受自重及其他可能的叠加荷载时方可拆除。在一般荷载下，对于跨径不大于 2m 的板，混凝土强度达到设计强度标准值的 50% 方能拆除。成品基础效果图如图 1-19 和图 1-20 所示。

混凝土达到设计强度的50%后，方可拆除模板，并做好成品的保护，防止污染和磕碰

图1-19　成品基础效果图1

图 1-20　成品基础效果图 2

（8）混凝土试块留置：试块应在混凝土浇筑地点随机抽取制作，取样与留置数量应符合 GB 50204—2015《混凝土结构工程施工质量验收规范》的规定，并根据需求留置满足标准养护、同条件检测等用途的试块。

1.4.10.2　特殊情况

（1）冬季施工：

1）进入冬季施工期间，混凝土须做抗冻检测，其质量应符合有关规范和设计要求。

2）混凝土的搅拌、运输、浇筑和养护等应严格执行冬季施工方案。

3）混凝土在浇筑前，应清除模板和钢筋上的冰雪、污垢。运输和浇筑混凝土用的容器应有保温措施。

4）混凝土养护应按冬季施工方案进行测温并做好记录。在混凝土强度未达到临界抗冻强度前，不得受冻。

5）混凝土冷却至 5℃，且超过临界强度并满足常温混凝土拆模要求时方可拆模，拆模后的混凝土应及时覆盖，缓慢冷却。

（2）雨季施工：

1）进入雨季，混凝土施工应编制预案。大面积混凝土浇筑前，要了解 2～3d 的天气预报，尽量避开雨天。混凝土浇筑现场要预备防雨材料，以备浇筑时突然遇雨进行覆盖。

2）雨季施工时，应加强对混凝土粗、细骨料含水量的测定，及时调整用水量，严格控制混凝土坍落度。

1.4.10.3　质量验收标准

（1）现浇混凝土结构底板、墙面、顶板表面应光洁，不得有蜂窝、麻面、漏筋等现象。

（2）侧墙和顶板的变形缝应与底板的变形缝对正、垂直贯通。

（3）止水带安装位置正确、牢固、闭合，且浇筑混凝土过程中保持止水带不变位、不垂、不浮，止水带附加的混凝土应插捣密实。

（4）混凝土施工质量标准和检验方法（见表1-9）。

表1-9　　　　　　　混凝土施工质量标准和检验方法

类别	序号	检查项目		质量标准	单位	检验方法及器具
主控项目	1	混凝土强度及试件取样留置		混凝土的强度等级必须符合设计要求。用于检查结构构件混凝土强度的试件，应在混凝土的浇筑地点随机抽取		检查施工记录及试件强度试验报告
	2	抗渗混凝土		抗渗混凝土试件应在浇筑地点随机取样；抗渗性能应符合设计要求		检查试件抗渗试验报告
	3	混凝土原材料每盘称量的偏差	水泥、掺合料	±2	%	观察搅拌记录，复秤
			粗、细骨料	±3		
			水、外加剂	±2		
	4	混凝土运输、浇筑及间歇		全部时间不应超过混凝土的初凝时间，同一施工段的混凝土应连续浇筑，并应在底层混凝土初凝之前将上一层混凝土浇筑完毕。当底层混凝土初凝后浇筑上一层混凝土时，应按施工缝的要求进行处理		观察，检查施工记录
	5	大体积混凝土温控措施		必须符合设计要求和现行有关标准的规定		检查施工措施和记录
一般项目	1	施工缝留置及处理		应按设计要求和施工技术方案确定、执行		观察，检查施工记录
	2	养护		应符合施工技术方案和现行有关标准的规定		观察，检查施工记录

（5）混凝土结构外观及尺寸偏差（沟道）质量标准和检验方法（见表1-10）。

表1-10　　　　混凝土结构外观及尺寸偏差（沟道）质量标准和检验方法

类别	序号	检查项目	质量标准	单位	检验方法及器具
主控项目	1	外观质量	不应有严重缺陷。对已经出现的严重缺陷，应由施工单位提出技术处理方案，并经监理（建设）、设计单位认可后进行处理。对经处理的部位，应重新检查验收		观察，检查技术处理方案
	2	尺寸偏差	不应有影响结构性能和使用功能的尺寸偏差。对超过尺寸允许偏差且影响结构性能和安装、使用功能的部位，应由施工单位提出技术处理方案，并经监理（建设）、设计单位认可后进行处理。对经处理的部位，应重新检查验收		量测，检查技术处理方案
一般项目	1	外观质量	不宜有一般缺陷。对已经出现的一般缺陷，应由施工单位按技术处理方案进行处理，并重新检查验收		观察，检查技术处理方案
	2	沟道中心线及端部位移	±20	mm	用经纬仪或拉线和钢尺检查
	3	沟道顶面标高偏差	-10~0	mm	用水准仪检查
	4	沟道底面坡度偏差	±10%设计坡度		用水准仪检查

类别	序号	检查项目	质量标准	单位	检验方法及器具
一般项目	5	沟底排水管口标高	−20～+10	mm	用水准仪检查
	6	沟道截面尺寸偏差	±20	mm	用钢尺检查
	7	沟壁厚度偏差	±5	mm	用钢尺检查
	8	预留孔、洞及预埋件中心线位移	≤15	mm	用钢尺检查
	9	沟壁顶部企口间净距偏差	0～+15	mm	用钢尺检查
	10	沟道盖板搁置面平整度	≤5	mm	用2m靠尺和楔形塞尺检查

1.4.10.4 引用标准

（1）GB 50010—2010《混凝土结构设计规范（2015 年版）》。

（2）GB 50164—2011《混凝土质量控制标准》。

（3）GB 50204—2015《混凝土结构工程施工质量验收规范》。

（4）GB/T 50107—2010《混凝土强度检验评定标准》。

（5）JGJ 55—2011《普通混凝土配合比设计规程》。

1.4.11 养护

1.4.11.1 施工质量要点

（1）养护用水应符合现行行业标准的规定；采用饮用水可不检验；采用中水、搅拌站清洗水、施工现场循环水等其他水时，应对其成分进行检验。

（2）混凝土初次收面完成后，及时对混凝土暴露面采用塑料薄膜进行紧密覆盖，尽量减少暴露时间，防止表面水分蒸发，洒水养护次数以混凝土表面湿润状态为度，白天一般 3h 左右一次，晚上一般养护不少于 2 次，当气温较高时应适当增加养护次数，一般情况下混凝土养护时间不得少于 7d。

（3）采用缓凝型外加剂、大掺量矿物掺合料配制的混凝土，不应少于 14d；采用其他品种水泥时，养护时间应根据水泥性能确定。

（4）日平均温度低于 5℃时，不得浇水养护。

（5）洒水养护宜在混凝土裸露表面覆盖塑料薄膜、麻袋或草帘后进行，也可采用直接洒水养护方式；洒水养护应保证混凝土处于湿润状态。

（6）覆盖物应严密，覆盖物的层数应按施工方案确定。

1.4.11.2 引用标准

（1）GB 50666—2011《混凝土结构工程施工规范》。

（2）GB/T 50107—2010《混凝土强度检验评定标准》。

（3）GB 50204—2015《混凝土结构工程施工质量验收规范》。

1.4.12 支架/槽钢安装

1.4.12.1 施工质量要点

（1）电缆支架及其固定立柱的机械强度，应能满足电缆及其附加荷载以及施工作业时附加荷载的要求，并留有足够的裕度。

（2）电缆支架的加工应符合下列要求：

1）电缆支架下料误差应在 5mm 范围内，切口应无卷边、毛刺；各支架的同层横担应在同一水平面上，其高低偏差不应大于 5mm；电缆支架横梁末端 50mm 处应斜向上倾角 10°。

2）电缆支架应焊接牢固，无显著变形。各横撑间的垂直净距与设计偏差不应大于 5mm。

3）电缆支架必须进行防腐处理。位于湿热、盐雾以及有化学腐蚀地区时，应根据设计做特殊的防腐处理。

（3）金属电缆支架全长按设计要求进行接地焊接，应保证接地良好。所有支架焊接牢靠，焊口应饱满，无虚焊现象，焊接处防腐应符合要求。

（4）支架立铁的固定可以采用螺栓固定或焊接。

（5）支架必须用接地扁钢环通，接地扁钢的规格应符合设计要求。

（6）基础顶部应设置就位槽钢，槽钢安装时应与预埋件焊接牢靠，使用仪器严格控制整体水平度、平行度、垂直度。

（7）设备基础内安装电缆托架，宜采用热镀锌角钢或槽钢，孔距依据设备实际就位尺寸确定。

1.4.12.2 质量验收标准

（1）电缆支架的层间允许最小距离，当设计无规定时，可采用表 1–11 的规定。但层间净距不应小于 2 倍电缆外径加 10mm。

表 1–11　　　　　　　　　电缆支架层间允许距离

电缆类型和敷设特征	支（吊）架
控制电缆明敷	120mm
电力电缆明敷 10kV 交联聚乙烯绝缘	200～250mm

（2）电缆支架最上层及最下层至顶板底、基础底的距离，当设计无规定时，不宜小于表 1–12 的数值。

表 1–12　　　　　　电缆支架最上层及最下层至顶板底、基础底允许距离

敷设特征	电缆沟
最上层至顶板底	150～200mm
最下层至基础底	50～100mm

（3）支架应垂直于底板安装，支架与侧墙垂直安装必须牢固。支架主立架密贴墙面，不能出现扭曲变形。变形缝两侧 30cm 范围内不能安装支架。

（4）支架接地扁钢应安装到位，扁钢必须与支架横撑三面施焊，焊缝应饱满，扁钢搭接长尺不得少于扁钢宽度的 2 倍。

（5）电缆垂直固定支架间距（10kV 及以下）应不大于 0.8m，使电缆固定牢固、受力均匀。

（6）焊接牢靠，螺栓连接可靠，防腐处理符合要求，接地符合设计要求，支架安装工艺美观。

1.4.12.3　引用标准
（1）GB 50217—2018《电力工程电缆设计标准》。

（2）DL/T 5221—2016《城市电力电缆线路设计技术规定》。

1.4.13　接地安装

1.4.13.1　施工质量要点
（1）接地极的形式、埋入深度及接地电阻值应符合设计要求。

（2）电缆支架和电缆附件的支架必须可靠接地，设置环形接地网，接地电阻须符合设备运行要求且不大于 10Ω。

（3）采取降阻措施时，可采用换土填充等物理性降阻剂进行，禁止使用化学类降阻剂。

（4）垂直接地体的敷设：将垂直接地体竖直打入地下，垂直接地体上部应加垫件，防止将端部破坏。

（5）水平接地体的敷设：敷设前应进行必要的校直，要求弯曲敷设时，应采用机械冷弯，避免热弯损坏镀锌层。

（6）垂直接地体与水平接地体的连接必须采用焊接，焊接应可靠，应由专业人员操作。焊接应符合下列规定：

1）扁钢的搭接长度应为其宽度的 2 倍，至少 3 个棱边施满焊。

2）扁钢与角钢、扁钢与钢管焊接时，除应在其接触部位两侧进行焊接外，还应焊以由扁钢弯成的弧形（或直角形）卡子或直接由钢带本身弯曲成弧形（或直角形）与钢管（或角钢）焊接。接地装置焊接效果图如图 1－21 所示。

（7）接地装置焊接部位及外侧 100mm 范围内应做防腐处理。在做防腐处理前，必须去掉表面残留的焊渣并除锈。

（8）不得采用铝导体作为接地体或接地线。

（9）接地环网同设备连接应不少于 2 处，且与设备连接严禁采用焊接。接地扁钢应外露，并涂刷标识漆。

图1-21　接地装置焊接效果图

1.4.13.2　质量验收标准

（1）应按设计要求施工完毕，接地施工质量应符合相关规定。

（2）整个接地网外露部分的连接应可靠，接地扁钢规格应正确，防腐层应完好，标识应齐全、明显。

（3）接地电阻值及其他测试参数应符合设计规定。

（4）在交接验收时，应提交下列资料和文件：符合实际施工的图纸、设计变更的证明文件；接地材料、降阻材料、新型接地装置检测报告及质量合格证明；安装技术记录，其内容应包括隐蔽工程记录；接地测试记录及报告，其内容应包括接地电阻测试、接地导通测试等。

（5）接地装置安装质量标准和检验方法（见表1-13）。

表1-13　　　　　　　　接地装置安装质量标准和检验方法

类别	序号	检查项目	质量标准	单位	检验方法及器具
主控项目	1	接地装置的接地电阻值测试	必须符合设计要求		检查测试记录或用适配仪表进行抽测
	2	接地装置测试点设置	人工接地装置或利用建筑物基础钢筋的接地装置必须在地面以上按设计要求位置设测点		观察检查
	3	防雷接地的人工接地装置的接地干线埋设	经人行通道处埋地深度不小于1m，且应采取均压措施或在其上方铺设卵石或沥青地面		观察和用钢尺检查
	4	接地模块埋深、间距和基坑尺寸	接地模块顶面埋深不小于0.6m，接地模块间距不小于模块长度的3～5倍。接地模块埋设基坑，一般为模块外形尺寸的1.2～1.4倍，且在开挖深度内详细记录地层情况		观察和用钢尺检查

类别	序号	检查项目	质量标准	单位	检验方法及器具
主控项目	5	接地模块应垂直或水平就位	接地模块应垂直或水平就位，不应倾斜设置，保持与原土层接触良好		观察检查
一般项目	1	接地装置埋深、间距和搭接长度	当设计无要求时，接地装置顶面埋设深度不应小于 0.6m。圆钢、角钢及钢管接地极应垂直埋入地下，间距不应小于 5m。接地装置的焊接应采用搭接焊，搭接长度应符合下列规定： （1）扁钢与扁钢搭接为扁钢宽度的 2 倍，至少三面施焊。 （2）圆钢与圆钢搭接为圆钢直径的 6 倍，双面施焊。 （3）圆钢与圆钢搭接为圆钢直径的 6 倍，双面施焊。 （4）扁钢与钢管、扁钢与角钢焊接时，紧贴 3/4 钢管表面，或紧贴角钢外侧两面，上下两侧施焊。 （5）除埋设在混凝土中的焊接接头外，其余接头均应有防腐措施		观察和用钢尺检查
	2	接地装置材质和最小允许规格	符合设计要求；当设计无要求时，接地装置的材料应采用钢材，并经热浸镀锌处理，最小允许规格、尺寸应符合现行标准的规定		观察、用钢尺或对照设计文件检查
	3	接地模块与干线连接和干线的材质选用	接地模块应集中引线，用干线把接地模块并联焊接成一个回路，干线的材质与接地模块焊接点的材质应同，钢制的采用热浸镀锌扁钢，引出线至少 2 处		观察检查

1.4.13.3 引用标准

GB 50169—2016《电气装置安装工程　接地装置施工及验收规范》

1.4.14　井盖安装

1.4.14.1　施工质量要点

（1）水泥砂浆初凝时放置井盖支座，使井盖支座与检查孔盖板表面紧密接触。

（2）安装时，接缝处必须用防水性材料填塞密实，保证密封性、防水性要求，与路面保持平整，高度一致，在绿化带时宜高出地面 300mm。

（3）采用的铁质构件在焊接和安装后，应进行相应的防腐处理。

（4）井座外框应与检查孔盖板顶板预留出入孔的外圈边线重合。

（5）使用与工程同标号混凝土井座，必须严密厚实且呈喇叭状，然后随检查孔盖板一同养护。

（6）井筒（井脖子）施工缝处设遇水膨胀式橡胶止水条。井筒（井脖子）施工效果图如图 1–22 所示。

1.4.14.2　特殊情况

道路等重要位置根据实际情况可选用承重井盖、防盗井盖，必须加装防坠网。

图1-22 井筒（井脖子）施工效果图

1.4.14.3 质量验收标准

（1）检查井盖、井面标高是否与路面保持平整、高度一致。

（2）检查井盖安装是否牢固。

（3）检查井座支承面的宽度。

（4）检查铰接井盖的仰角实际值。

（5）井盖的嵌入深度应符合表1-14规定。

表1-14 井盖嵌入深度质量验收标准 （mm）

类别	A15	B125	C250	D400	E600	F900
嵌入深度 A	≥30	≥30	≥30	≥50	≥50	≥50

（6）井盖与井座的总间隙应符合表1-15规定。

表1-15 井盖与井座总间隙质量验收标准 （mm）

构件数量	总间隙 $a = (a_l + a_c + a_r)$
1件	≤6
2件	≤9
3件或3件以上	≤15，单件不超过5

（7）井座支撑面的宽度应符合表 1-16。

表 1-16　　　　　　　　　　　井座支撑面宽度质量验收标准　　　　　　　　　　（mm）

井座净开孔 $c_。$	井座支撑面宽度 B
≥600	≥24

1.4.14.4　引用标准

GB/T 23858—2009《检查井盖》。

1.4.15　土方回填

1.4.15.1　施工质量要点

（1）根据土质、压实系数及所用机具确定分层厚度、含水量及压实遍数。如设计无要求时，应按现行有关标准执行。

（2）应采用开挖土、自然土或其他满足要求的回填料，回填料不应含有垃圾或对混凝土有破坏或腐蚀作用的杂物。

（3）回填必须分层进行，其中人工夯填层厚度不得超过 200mm，机械夯填厚度不得超过 300mm。

（4）回填时应将土块打碎，土块直径不大于 30mm。冬季施工，每回填 200mm 厚度夯实一次。松软土质回填应增加夯实次数或采取加固措施。

（5）回填土摊铺之前，应由试验员对回填土料的含水量进行测定，达到最优含水量时方可夯实；在含水量较低的情况下，应根据气候条件预先均匀洒水湿润原土，严禁边洒水、边施工。

（6）通常大面积夯实采用打夯机，小部位采用振冲夯实机，夯实遍数不少于 3 遍。夯填方式应一夯压半夯，夯夯相连，交叉进行。基础分层夯实回填施工示意图如图 1-23 所示。

（7）回填土分类：

1）灰土回填。灰土拌和之前，应复核配合比，严格按照设计要求的体积比进行施工，不得随意减少石灰在土中的掺量。灰土拌和尽可能采用机械拌和，若采用人工拌和，翻拌次数不得少于 3 遍，要求均匀一致；拌和用石灰采用生石灰，使用前应充分熟化过筛，不得含有粒径大于 5mm 的生石灰块料。

2）回填黏性土，应在填土前检验填料的含水率。含水量偏高时，可采用翻松晾晒，均匀掺入干土等措施；含水量偏低，可预先采用洒水湿润，增加压实遍数或使用大功率压实机械等措施。

（8）严格控制每层回填厚度，禁止直接卸土入槽。

（9）雨天不应进行回填的施工。

采用振冲夯实机,夯实编数不少于3遍,夯填方式应一夯压半夯,夯夯相连

图 1-23　基础分层夯实回填施工示意图

1.4.15.2　质量验收标准

（1）标高及平整度检查：基坑每 20m² 抽查 1 处，每个基坑不应少于 1 处；基槽每 20m 抽查 1 处，不应少于 3 处；平整后的场地表面应逐点检查，检查点为每 100～400m² 取 1 点，不应少于 10 点。

（2）土方回填工程质量标准和检验方法（见表 1-17）。

表 1-17　　　　　　　　　　土方回填工程质量标准和检验方法

类别	序号	检查项目			质量标准	单位	检验方法及器具
主控项目	1	基底处理			必须符合设计要求和现行国家及行业有关标准的规定		观察检查及检查施工记录
	2	分层压实系数			必须符合设计要求		检查试验记录
	3	标高偏差	场地平整	人工	±30	mm	用水准仪检查
				机械	±50		
			基坑、基槽		−50～0		
一般项目	1	回填土料			应符合设计要求		观察检查或取样试验
	2	分层厚度及含水量			应符合设计要求		观察检查及检查试验记录
	3	表面平整度	基坑、基槽		≤20	mm	用靠尺和楔形塞尺检查
			挖方场地平整	人工	≤20		
				机械	≤30		

1.4.15.3 引用标准

（1）GB 50201—2012《土方与爆破工程施工及验收规范》。

（2）GB 50202—2018《建筑地基基础工程施工质量验收标准》。

1.4.16 装饰工程

1.4.16.1 施工质量要点

（1）基层处理：检查墙面基层，凸出墙面的砂浆、混凝土等应清除干净，孔洞封堵密实。表面施涂界面处理剂，采用 1:1 水泥、细砂掺胶水拌合后，涂抹均匀，并进行洒水养护。

（2）光滑平整附有脱模剂的混凝土面层，采用 10%火碱溶液清洗，再用钢丝刷刷洗，对于易产生裂缝的部位须固定防裂网后，抹底灰。

（3）混凝土墙可以提前 3~4h 湿润，瓷砖要在施工前浸水，浸水时间不小于 2h，然后取出晾至手按砖背无水渍方可贴砖。

（4）镶贴用 1:2 水泥砂浆，可掺入不大于水泥用量 15%的石灰膏，砂浆内加入 20%的 108 胶水，砂子采用中细砂过筛，施工环境温度宜在 5℃以上。砂浆厚度 5~6mm，以铺贴后刚好满浆位置。粘贴 8~10 块，用靠尺板检查表面平整并用卡子将缝拔直。阳角拼缝可将面砖边沿磨成 45° 斜角，保证接缝平直、密实。扫去表面灰浆，用卡子划缝，并用棉丝拭净。贴完一面墙后要将横竖缝内灰浆清理干净，并注意考虑主视线方向，确保阳角处格缝通顺。

（5）外面砖一般自上往下镶贴，根据墙面排版设计，在找平层上从上往下弹出水平及垂直控制线。根据墙面弹线及灰饼厚度，设置控制线。镶贴时，在面砖背面满铺粘结砂浆。镶贴后，用小铲把轻轻敲击，使之与基层粘结牢固，并用靠尺、方尺随时找平。贴完一皮后须将砖上口灰刮平，表面清理干净。

（6）压顶部位平面也要镶贴面砖时，除流水坡度符合设计要求外，应采取顶面面砖压立面面砖的做法，预防向内渗水引起空裂。

（7）面砖应使用钢筋钩勾缝，缝隙宽度控制在 8mm 左右，且不小于 5mm。面砖镶贴完成一定流水段落后，立即用 1:1 水泥砂浆勾缝。先勾水平缝，再勾竖缝，勾好后要凹进面砖外表面 3mm。基础装饰砖效果图如图 1−24 所示。

（8）百叶窗安装要求：采用 2mm 厚钢板冲压百叶窗，百叶窗孔隙不大于 10mm，百叶窗外框为 L25mm×25mm×4mm，百叶窗及通风管道效果图如图 1−25 所示。

（9）环网箱/箱式变电站在绿化带内时，宜设检修平台和检修通道。

（10）流水坡向应正确，坡度应符合设计要求。

（11）设备基础宜采用通风管配合无动力风机（不锈钢材质）方式排除潮气。

图1-24 基础装饰砖效果图

图1-25 百叶窗及通风管道效果图

1.4.16.2 质量验收标准

（1）粘贴的外墙砖完工后，应对饰面粘贴强度进行检验。

（2）装饰工程质量验收标准（见表1-18）。

表1-18 装饰工程质量验收标准 （mm）

序号	检查项目			允许偏差或允许值
1	立面垂直度	石材	剁斧石	≤3
			蘑菇石	
2	表面平整度	石材	剁斧石	≤3

序号	检查项目			允许偏差或允许值
3	阳角方正	石材	剁斧石	≤4
			蘑菇石	
4	接缝直线度	石材	剁斧石	≤4
			蘑菇石	
5	接缝高低差	石材	剁斧面	≤3
6	接缝宽度偏差	石材	剁斧面	≤2
			蘑菇石	

（3）检查饰面砖的品种、规格、图案颜色和性能应符合现行有关标准的规定。

（4）检查饰面砖粘贴工程的找平、防水、粘结和勾缝材料。

（5）检查满粘法施工的饰面砖工程，应无空鼓、裂缝。

（6）检查饰面砖表面，应平整、洁净、色泽一致，无裂痕和缺损。

（7）检查阳角处搭接方式、非整砖使用部位，应符合现行有关标准规定。

（8）检查饰面砖，应整砖套割吻合，边缘应整齐。贴脸凸出墙面的厚度应一致。

（9）检查接缝应平直、光滑，填嵌应连续、密实，宽度和深度符合现行有关标准规定。

1.4.16.3 引用标准

GB 50210—2018《建筑装饰装修工程质量验收规范》。

1.4.17 竣工验收

（1）单位（子单位）工程质量验收应符合下列规定：

1）单位（子单位）工程所含分部（子分部）工程均应验收合格。

2）质量控制资料应完整。

3）单位（子单位）工程所含分部工程有关安全和功能的检测资料应完整。

4）主要功能项目的抽查结果应符合相关专业质量验收规范要求。

5）观感质量验收应符合要求。

（2）当工程质量不符合要求时，应按下列规定进行处理：

1）经返工的检验批，应重新进行验收。

2）经有资质的检测单位检测鉴定能够达到设计要求的检验批，应予以验收。

3）经有资质的检测单位检测鉴定达不到设计要求、但经原设计单位核算认定能够满足结构安全和使用功能的检验批，可予以验收。

4）经返修或加固处理的分项、分部工程，虽然改变外形尺寸但仍能满足安全使用要求，可按技术处理方案和协商文件进行验收。

（3）通过返修或加固处理仍不能满足安全使用要求的分部工程、单位（子单位） 工程，严禁验收。

（4）应符合相关标准、规范：《国家电网公司配电网工程典型设计（2016 年版）》和 GB 50300—2013《建筑工程施工质量验收统一标准》。

注意：所有工程质量验收均应在施工单位自行检验合格的基础上进行。

第2章 配电室/开关站/环网室

2.1 方 案 选 取

2.1.1 KB-1-A 方案

开关站为单母线分段，2 回进线，12 回馈线，采用金属铠装移开式开关柜。

建筑平面设计图（KB-1-A-T-01）如图 1-1 所示，建筑立面及剖面设计图（KB-1-A-T-02）如图 1-2 所示，设备基础平面设计图（KB-1-A-T-03）如图 1-3 所示。

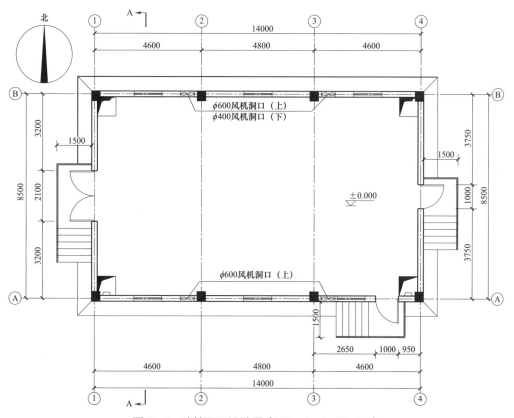

图2-1 建筑平面设计图（KB-1-A-T-01）

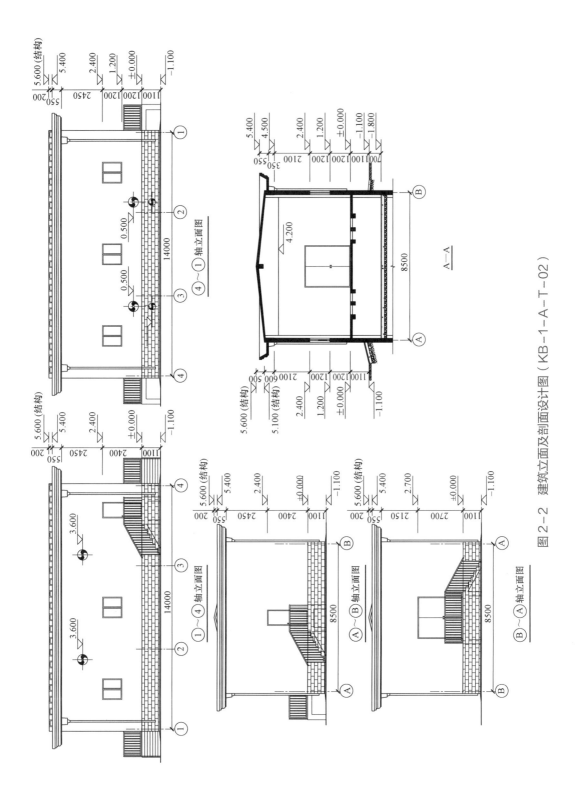

图 2-2　建筑立面及剖面设计图（KB-1-A-T-02）

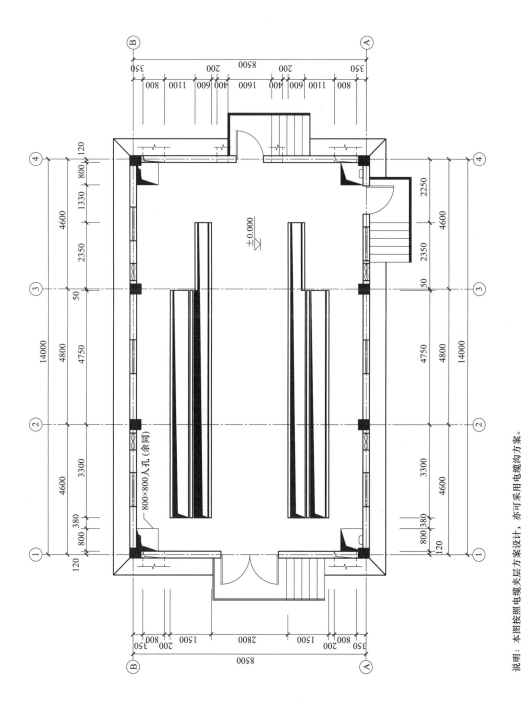

说明：本图按照电缆夹层方案设计，亦可采用电缆沟方案。

图2-3 设备基础平面设计图（KB-1-A-T-03）

45

2.1.2 KB-1-B 方案

开关站为 2 个独立的单母线，4 回进线，12 回馈线，采用金属铠装移开式开关柜。

建筑平面设计图（KB-1-B-T-01）如图 2-4 所示，建筑立面及剖面设计图（KB-1-B-T-02）如图 2-5 所示，设备基础平面设计图（KB-1-B-T-03）如图 2-6 所示。

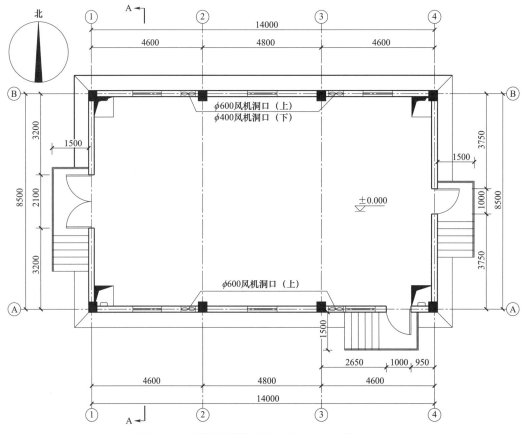

图 2-4　建筑平面设计图（KB-1-B-T-01）

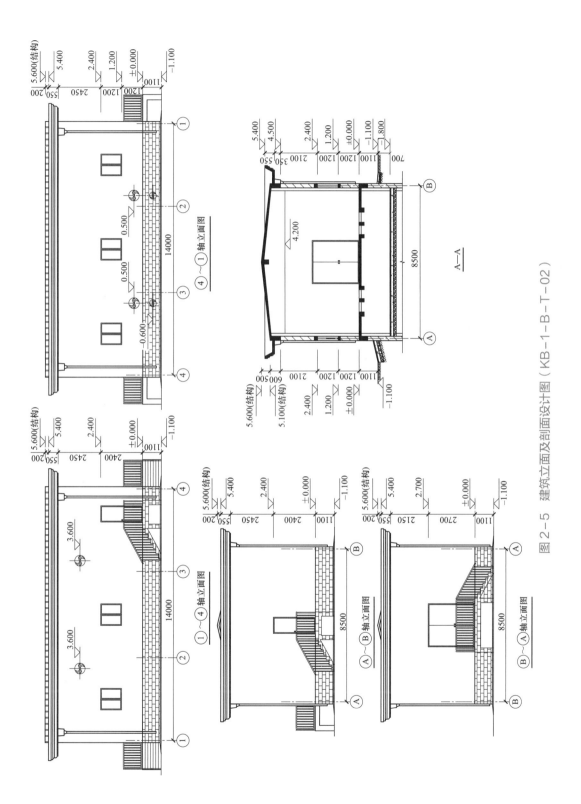

图 2-5 建筑立面及剖面设计图（KB-1-B-T-02）

47

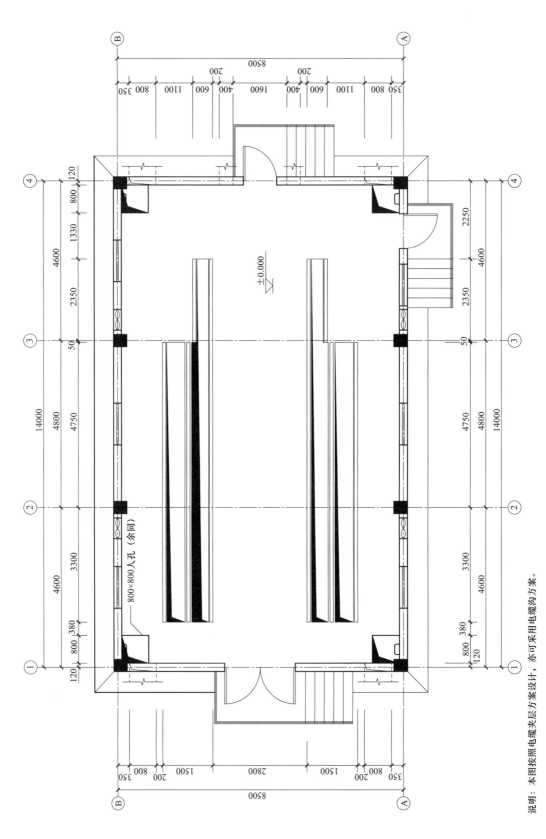

说明：本图按照电缆夹层方案设计，亦可采用电缆沟方案。

图2-6 设备基础平面设计图（KB-1-B-T-03）

2.1.3 KB-1-C方案

开关站为单母线分段，2回进线，12回馈线，采用气体绝缘金属封闭式开关柜。

建筑平面设计图（KB-1-C-T-01）如图 2-7 所示，建筑立面及剖面图（KB-1-C-T-02）如图2-8所示，设备基础平面设计图（KB-1-C-T-03）如图2-9所示。

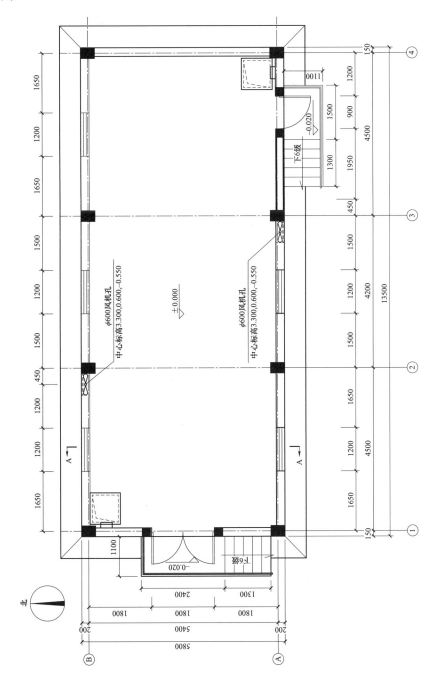

图 2-7 建筑平面设计图（KB-1-C-T-01）

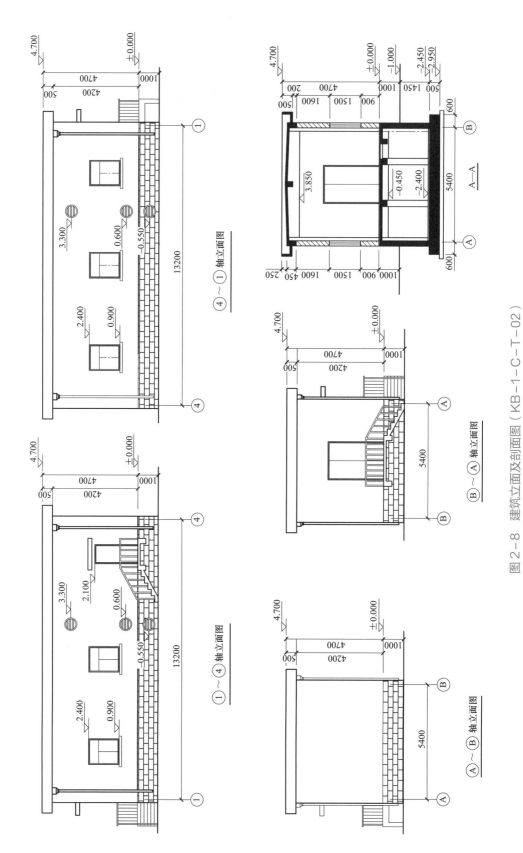

图 2-8 建筑立面及剖面图（KB-1-C-T-02）

50

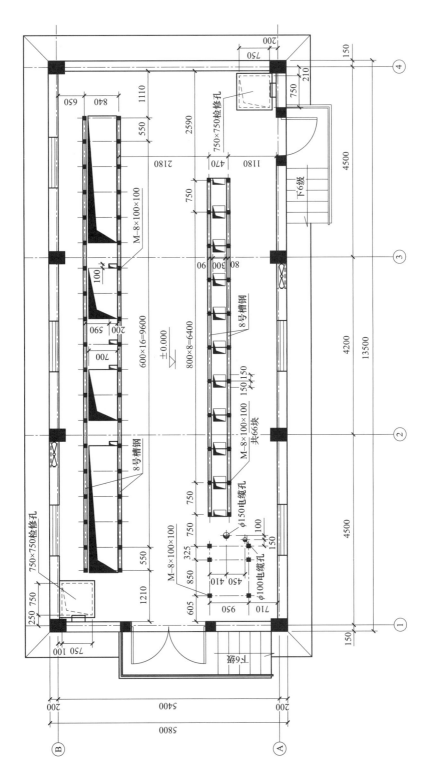

图2-9 设备基础平面设计图（KB-1-C-T-03）

2.1.4 KB-2方案

开关站为单母线三分段，4回进线，12回馈线，采用金属铠装移开式开关柜。

建筑平面布置图（KB-2-T-01）如图2-10所示，建筑立面及剖面设计图（KB-2-T-02-1）如图2-11所示，建筑立面及剖面设计图（KB-2-T-02-2）如图2-12所示，设备基础平面设计图（KB-2-T-03）如图2-13所示。

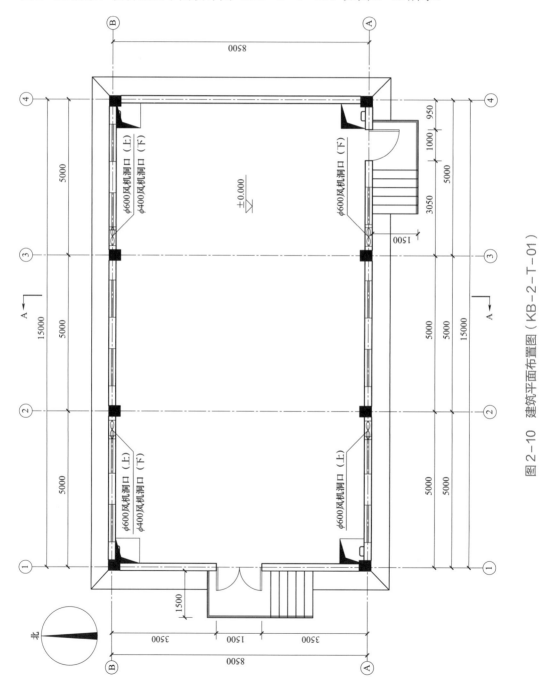

图2-10 建筑平面布置图（KB-2-T-01）

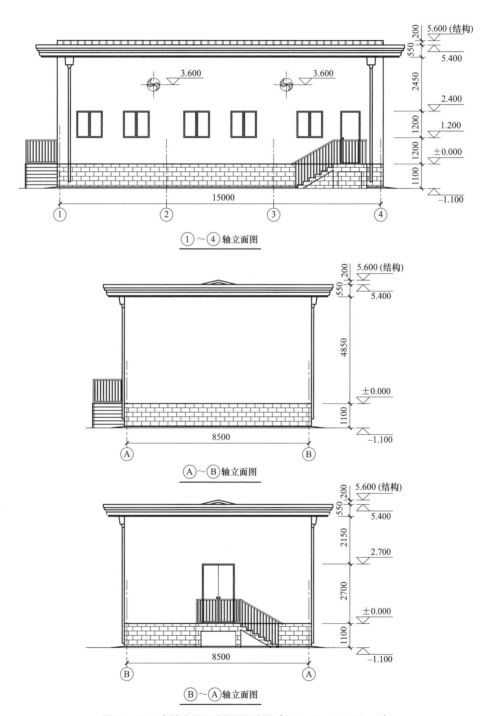

图2-11　建筑立面及剖面设计图（KB-2-T-02-1）

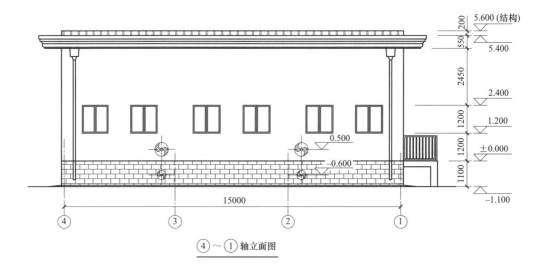

④～①轴立面图

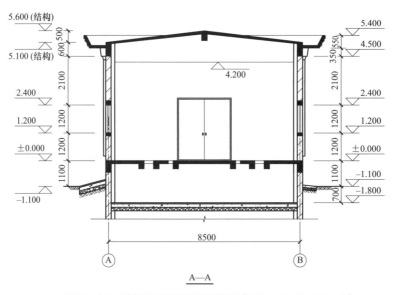

A—A

图 2-12　建筑立面及剖面设计图（KB-2-T-02-2）

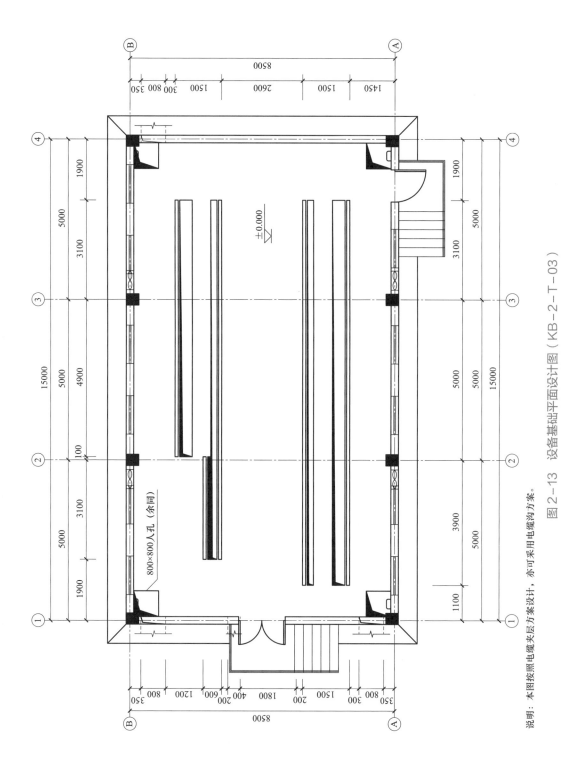

图 2-13 设备基础平面设计图（KB-2-T-03）

说明：本图按照电缆夹层方案设计，亦可采用电缆沟方案。

55

2.1.5 PB-1方案

配电室为单母线，2回进线，2回馈线，油浸式变压器 2×630kVA。

建筑平面设计图（PB-1-T-01-1）如图 2-14 所示，建筑平面设计图（PB-1-T-01-2）如图 2-15 所示，建筑立面及剖面设计图（PB-1-T-02-1）如图 2-16 所示，建筑立面及剖面设计图（PB-1-T-02-2）如图 2-17 所示，建筑立面设计图（PB-1-T-03）如图 2-18 所示。

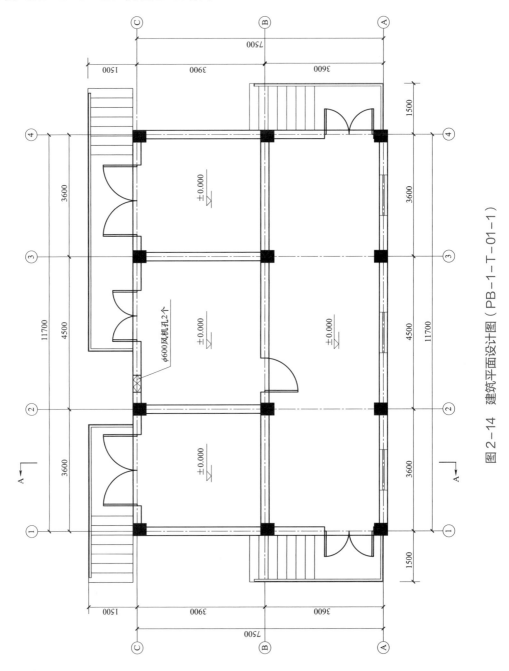

图 2-14 建筑平面设计图（PB-1-T-01-1）

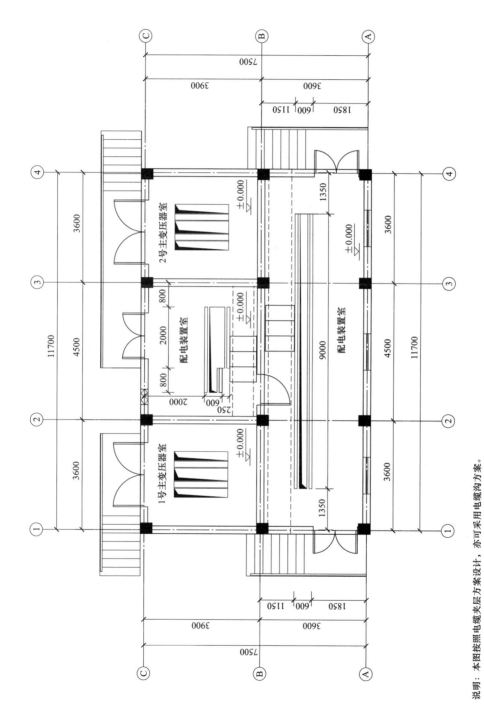

说明：本图按照电缆夹层方案设计，亦可采用电缆沟方案。

图2-15 建筑平面设计图（PB-1-T-01-2）

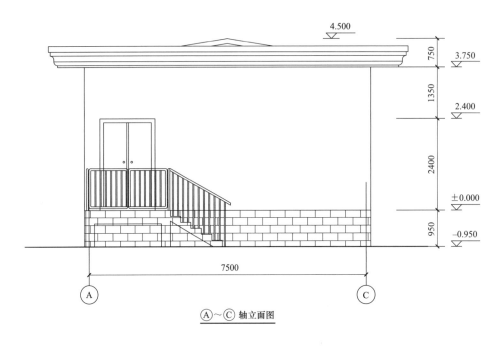

4.500

3.750

750

1350

2.400

2400

±0.000

950

−0.950

7500

Ⓐ   Ⓒ

Ⓐ～Ⓒ 轴立面图

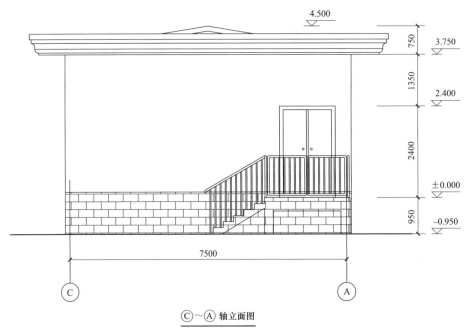

4.500

3.750

750

1350

2.400

2400

±0.000

950

−0.950

7500

Ⓒ   Ⓐ

Ⓒ～Ⓐ 轴立面图

图 2-16　建筑立面及剖面设计图（PB-1-T-02-1）

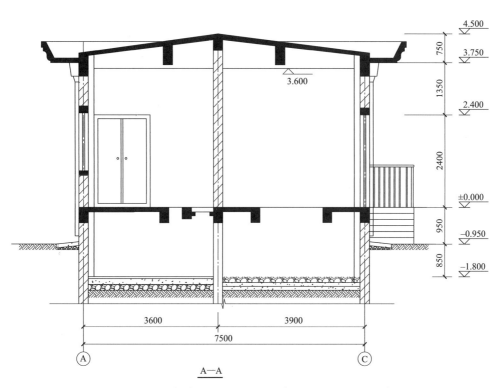

$$\overline{A-A}$$

图 2-17 建筑立面及剖面设计图（PB-1-T-02-2）

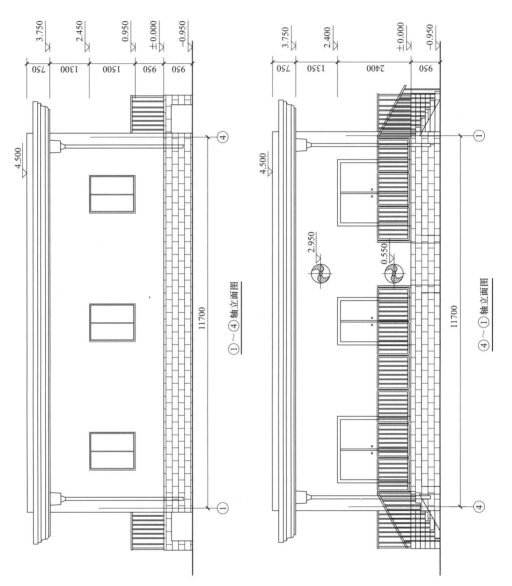

图 2-18 建筑立面设计图（PB-1-T-03）

60

2.1.6 PB-2方案

配电室为单母线，2回进线，2回馈线，干式变压器 2×800kVA。

建筑平面设计图（PB-2-T-01）如图 2-19 所示，设备基础平面设计图（PB-2-T-02）如图 2-20 所示，建筑立面及剖面设计图（PB-2-T-03-1）如图 2-21 所示，建筑立面及剖面设计图（PB-2-T-03-2）如图 2-22 所示。

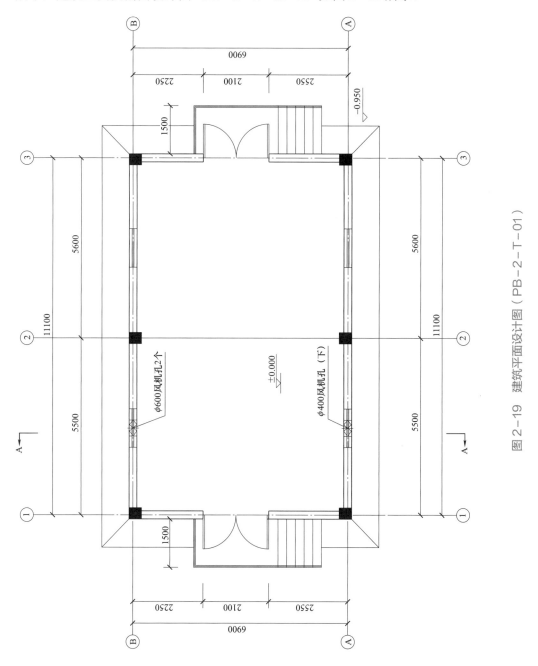

图 2-19 建筑平面设计图（PB-2-T-01）

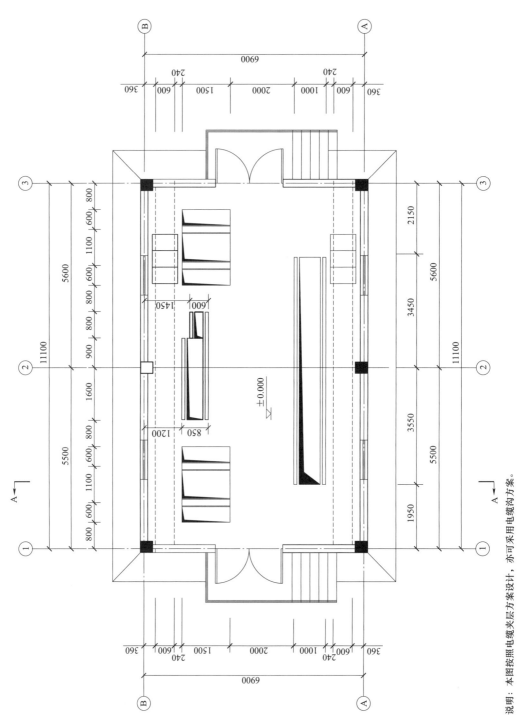

说明：本图按照电缆夹层方案设计，亦可采用电缆沟方案。

图2-20 设备基础平面设计图（PB-2-T-02）

62

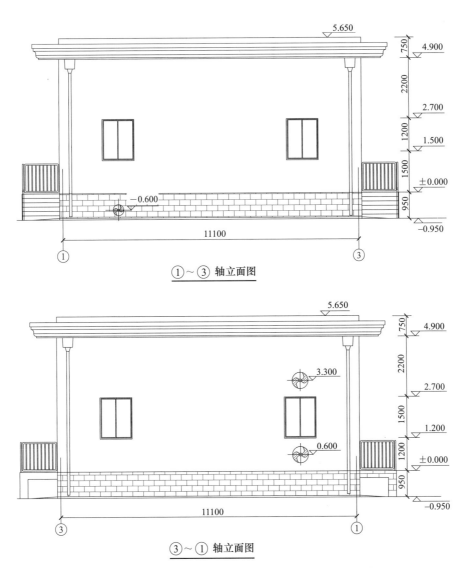

①~③ 轴立面图

③~① 轴立面图

图 2-21 建筑立面及剖面设计图（PB-2-T-03-1）

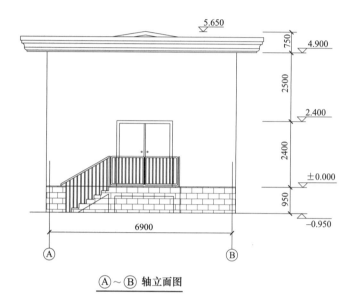

$\overline{\text{5.650}}$
750
4.900
2500
2.400
2400
±0.000
950
−0.950

6900

Ⓐ Ⓑ

Ⓐ～Ⓑ 轴立面图

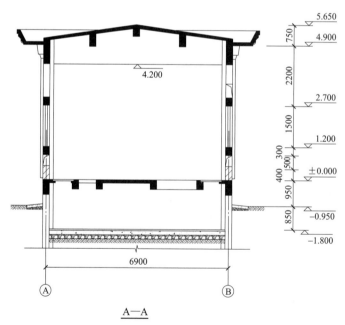

5.650
750
4.900
4.200
2200
2.700
1500
1.200
400 300 (500)
±0.000
950
−0.950
850
−1.800

6900

Ⓐ Ⓑ

A—A

图2-22 建筑立面及剖面设计图（PB-2-T-03-2）

2.1.7 PB-3方案

配电室为单母线分段，2回/4回进线，2回馈线，油浸式变压器2×630kVA。

建筑平面设计图（PB-3-T-01）如图2-23所示，剖面设计图（PB-3-T-02）如图2-24所示，建筑立面设计图（PB-3-T-03-1）如图2-25所示，建筑立面设计图（PB-3-T-03-2）如图2-26所示，设备基础平面设计图（PB-3-T-04）如图2-27所示。

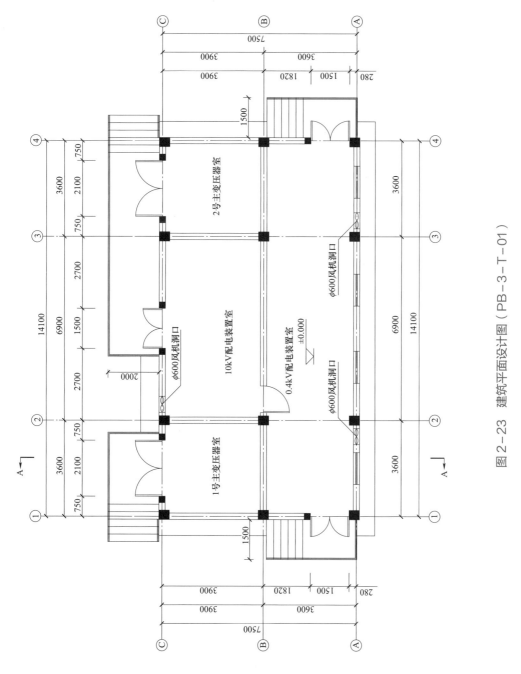

图 2-23 建筑平面设计图（PB-3-T-01）

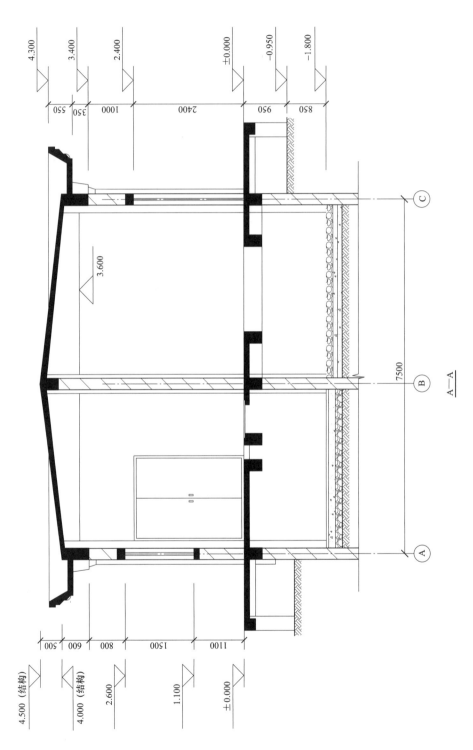

图 2-24 剖面设计图（PB-3-T-02）

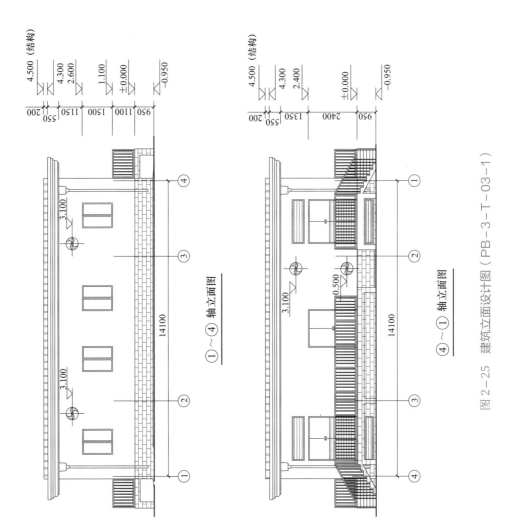

图 2-25　建筑立面设计图（PB-3-T-03-1）

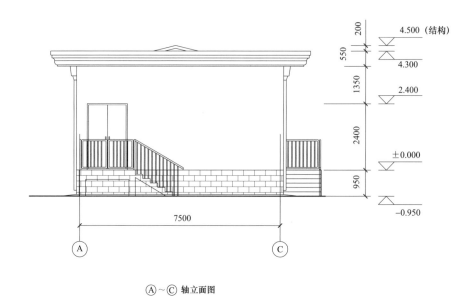

200
4.500（结构）

550
4.300

1350
2.400

2400
±0.000

950
−0.950

7500

Ⓐ   Ⓒ

Ⓐ～Ⓒ 轴立面图

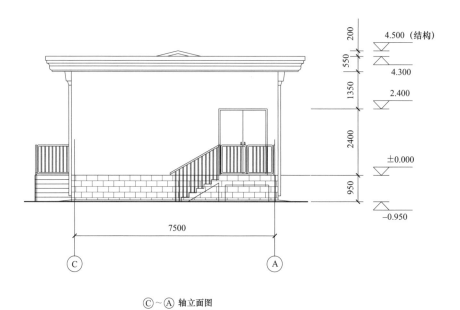

200
4.500（结构）

550
4.300

1350
2.400

2400
±0.000

950
−0.950

7500

Ⓒ   Ⓐ

Ⓒ～Ⓐ 轴立面图

图2-26　建筑立面设计图（PB-3-T-03-2）

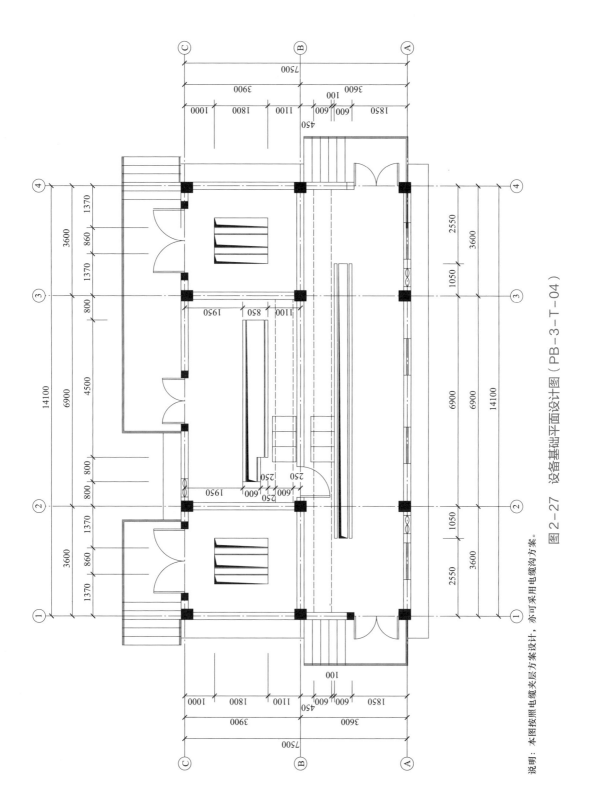

图 2-27　设备基础平面设计图（PB-3-T-04）

说明：本图按照电缆夹层方案设计，亦可采用电缆沟方案。

69

2.1.8 PB-4方案（单母线分段，2回/4回进线，2回馈线，干式变压器 2×800kVA）

建筑平面设计图（PB-4-T-01）如图 2-28 所示，建筑立面设计图（PB-4-T-02-1）如图 2-29 所示，建筑立面设计图（PB-4-T-02-2）如图 2-30 所示，剖面设计图（PB-4-T-03）如图 2-31 所示，设备基础平面设计图（PB-4-T-04）如图 2-32 所示。

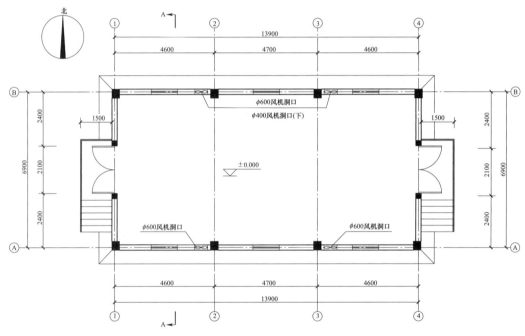

图 2-28　建筑平面设计图（PB-4-T-01）

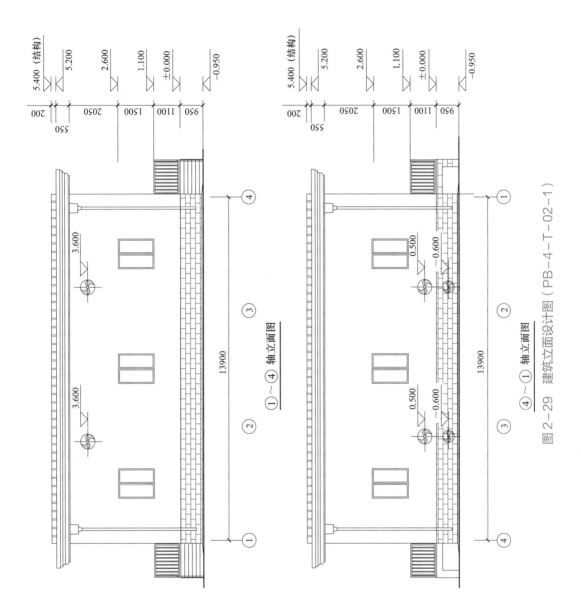

图 2-29 建筑立面设计图（PB-4-T-02-1）

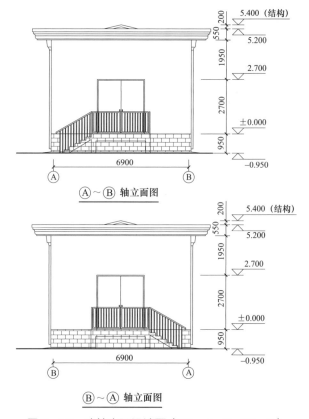

图2-30 建筑立面设计图（PB-4-T-02-2）

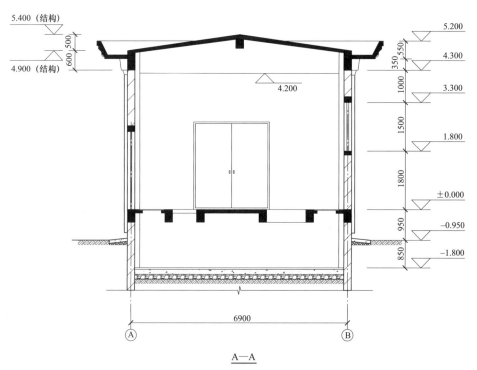

A—A

图2-31 剖面设计图（PB-4-T-03）

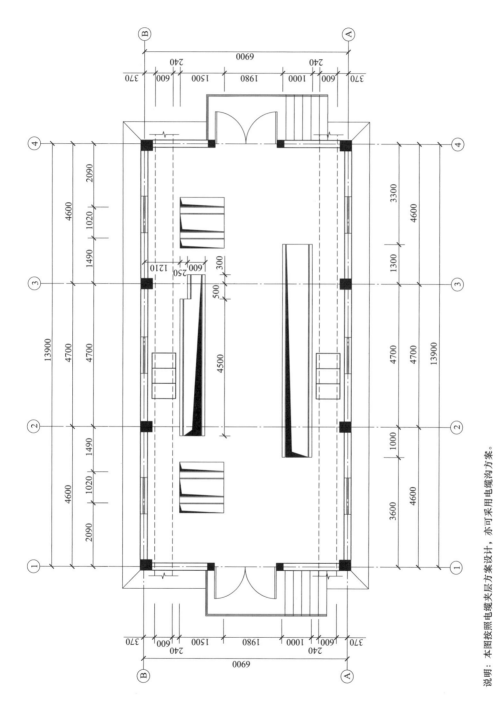

图 2-32 设备基础平面设计图（PB-4-T-04）

说明：本图按照电缆夹层方案设计，亦可采用电缆沟方案。

2.1.9 PB-5方案

配电室为单母线，4回进线，4回馈线，干式变压器 4×800kVA。

建筑平面设计图（PB-5-T-01）如图2-33所示，建筑立面设计图（PB-5-T-02）如图2-34所示，建筑立面及剖面设计图（PB-5-T-03-1）如图2-35所示，建筑立面及剖面设计图（PB-5-T-03-2）如图2-36所示，设备基础平面设计图（PB-5-T-04）如图2-37所示。

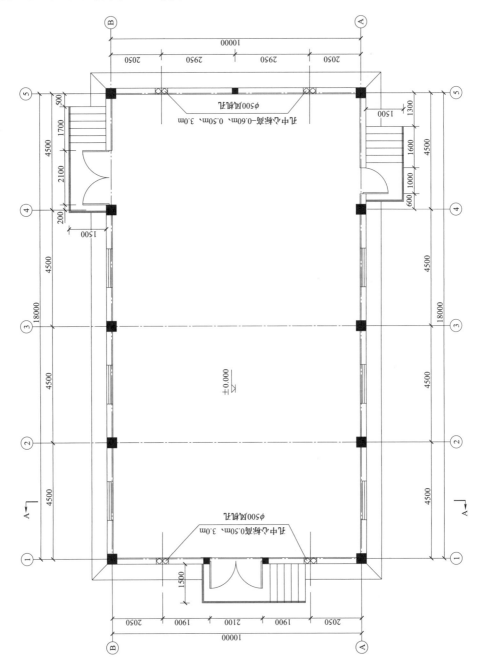

图2-33 建筑平面设计图（PB-5-T-01）

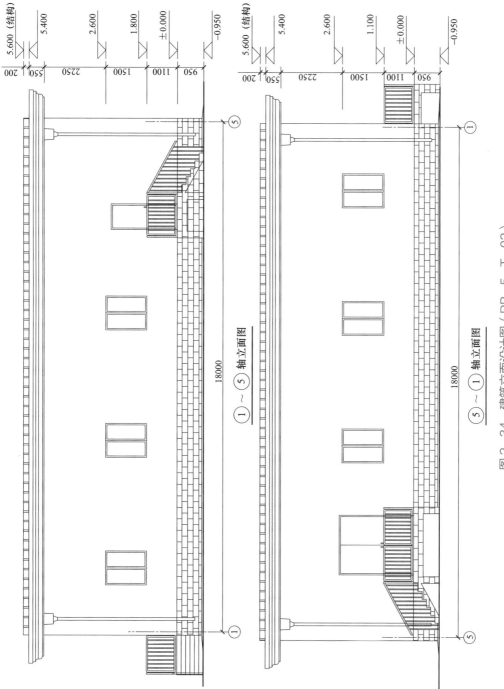

图2-34 建筑立面设计图（PB-5-T-02）

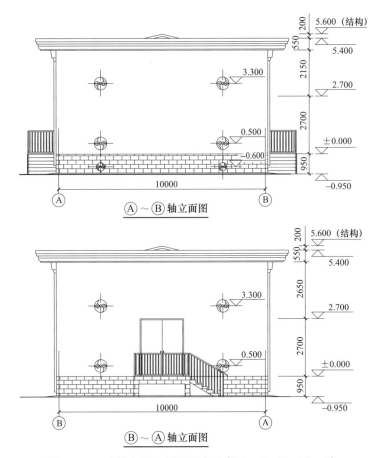

图 2-35 建筑立面及剖面设计图（PB-5-T-03-1）

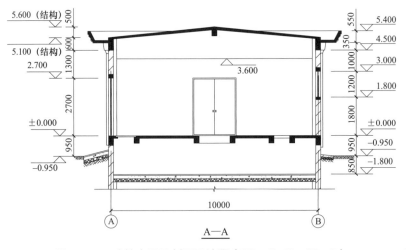

图 2-36 建筑立面及剖面设计图（PB-5-T-03-2）

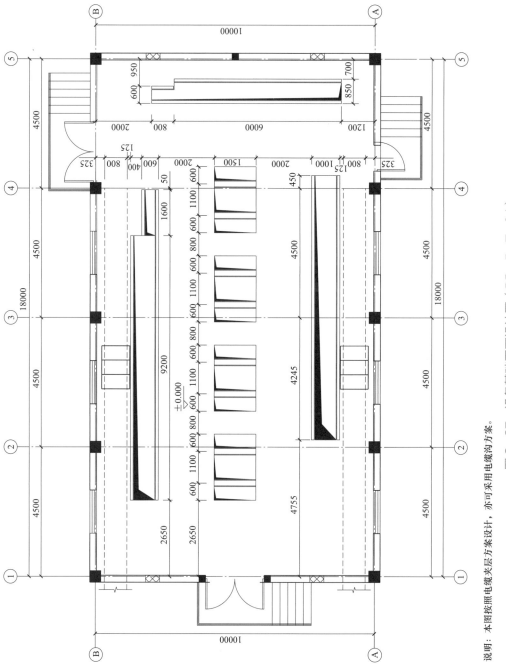

图2-37 设备基础平面设计图（PB-5-T-04）

说明：本图按照电缆夹层方案设计，亦可采用电缆沟方案。

77

2.1.10 HB-1

环网室为单母线分段，2回进线，12回馈线，户内单列布置。

建筑平面设计图（HB-1-A-T-01）如图 2-38 所示，建筑立面及剖面设计图（HB-1-A-T-02）如图2-39所示，设备基础平面设计图（HB-1-A-T-03）如图2-40所示，建筑平面设计图（HB-1-B-T-01）如图 2-41 所示，建筑立面及剖面设计图（HB-1-B-T-02）如图2-42所示，设备基础平面设计图（HB-1-B-T-03）如图2-43所示。

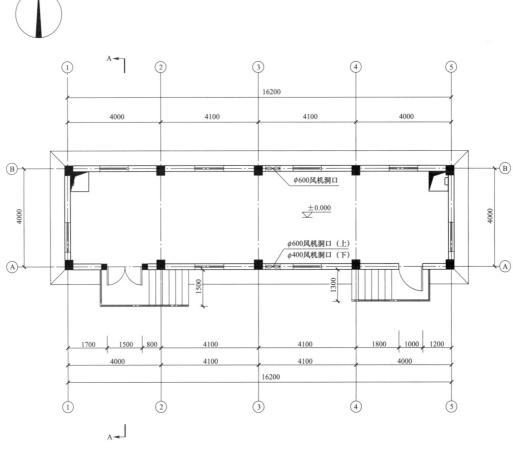

图2-38 建筑平面设计图（HB-1-A-T-01）

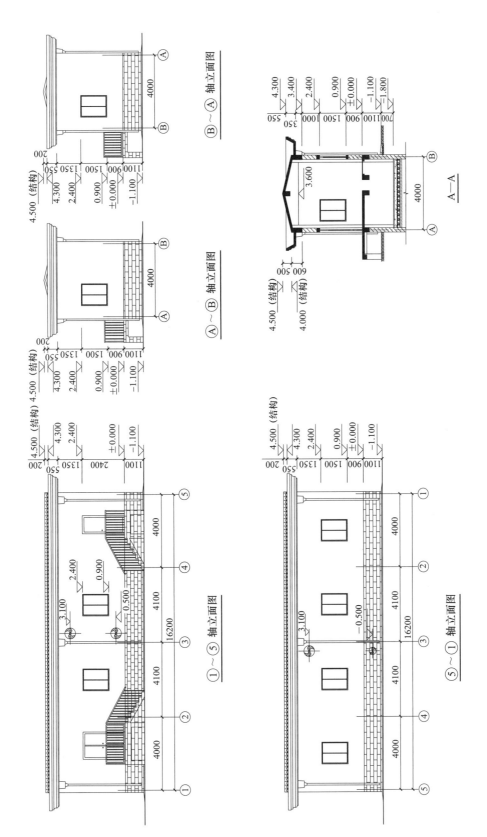

图 2-39 建筑立面及剖面设计图（HB-1-A-T-02）

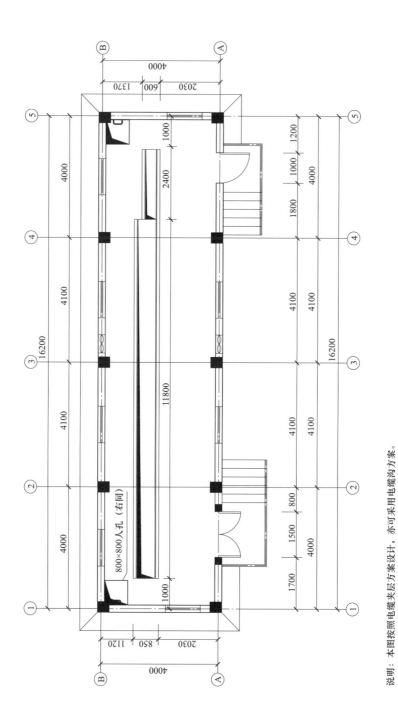

说明：本图按照电缆夹层方案设计，亦可采用电缆沟方案。

图2-40　设备基础平面设计图（HB-1-A-T-03）

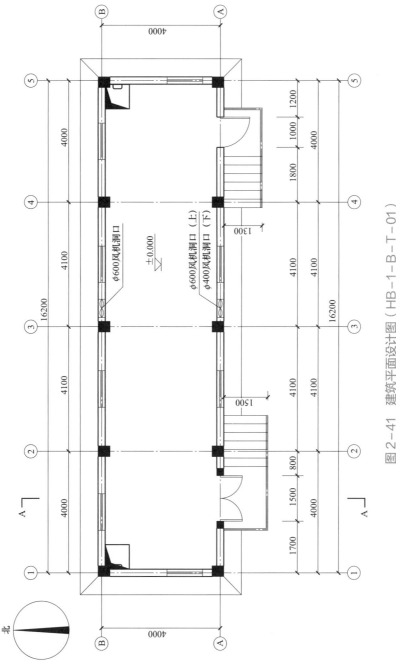

图 2-41 建筑平面设计图（HB-1-B-T-01）

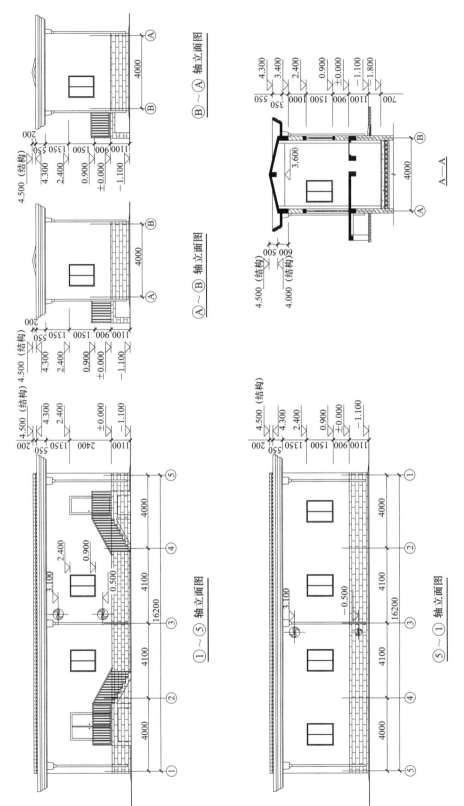

图 2-42 建筑立面及剖面设计图（HB-1-B-T-02）

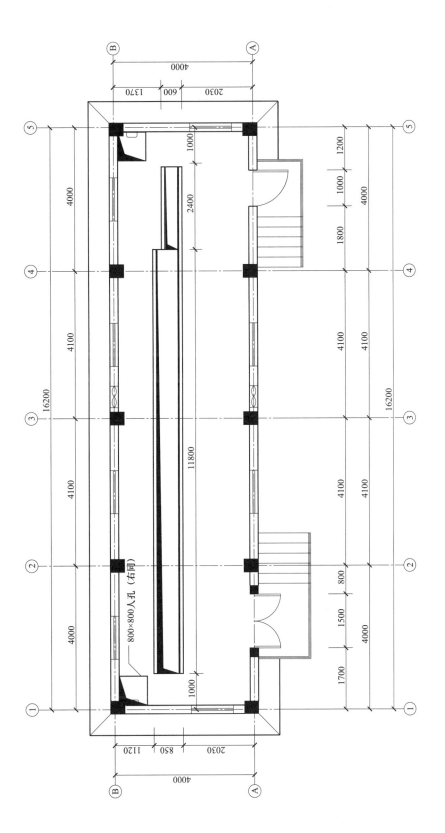

图2-43　设备基础平面设计图（HB-1-B-T-03）

说明：本图按照电缆夹层方案设计，亦可采用电缆沟方案。

2.1.11　HB-2

环网室为单母线分段，2回进线，12回馈线，户内双列布置。

建筑平面设计图（HB-2-A-T-01）如图 2-44 所示，建筑立面及剖面设计图（HB-2-A-T-02）如图2-45所示，设备基础平面设计图（HB-2-A-T-03）如图2-46所示，建筑平面设计图（HB-2-B-T-01）如图 2-47 所示，建筑立面及剖面设计图（HB-2-B-T-02）如图2-48所示，设备基础平面设计图（HB-2-B-T-02）如图2-49所示。

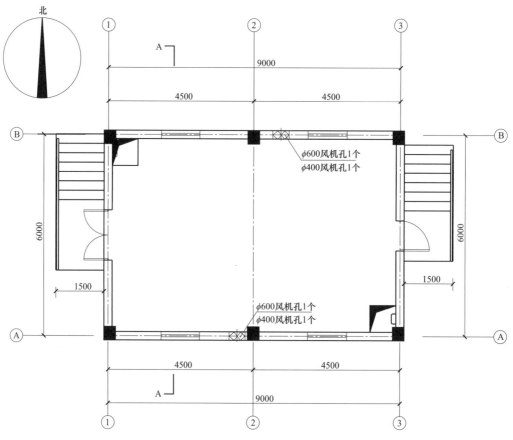

图 2-44　建筑平面设计图（HB-2-A-T-01）

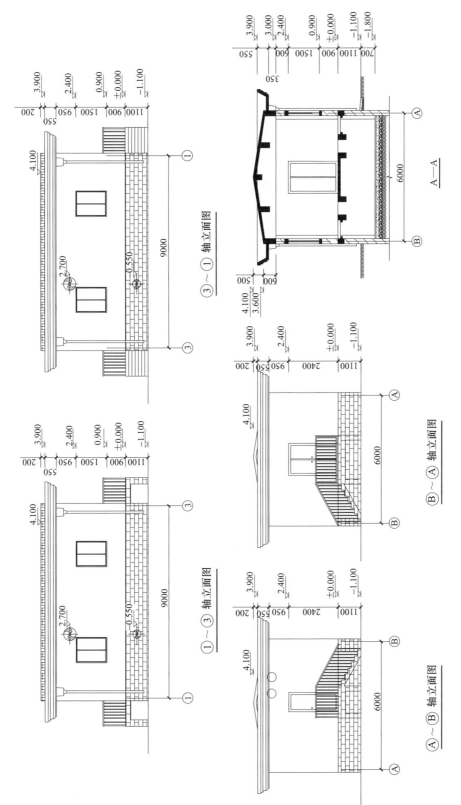

图 2-45　建筑立面及剖面设计图（HB-2-A-T-02）

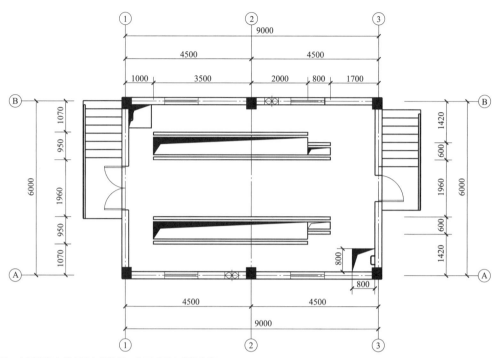

说明：本图按照电缆夹层方案设计，亦可采用电缆沟方案。

图2-46 设备基础平面设计图（HB-2-A-T-03）

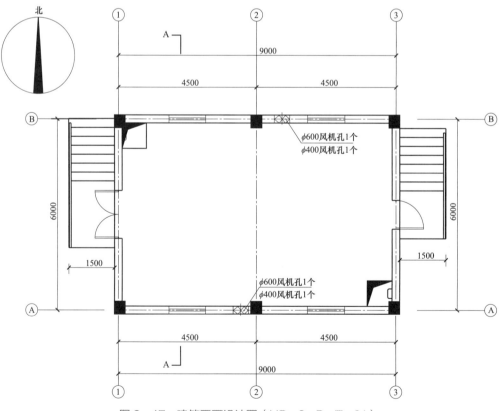

图2-47 建筑平面设计图（HB-2-B-T-01）

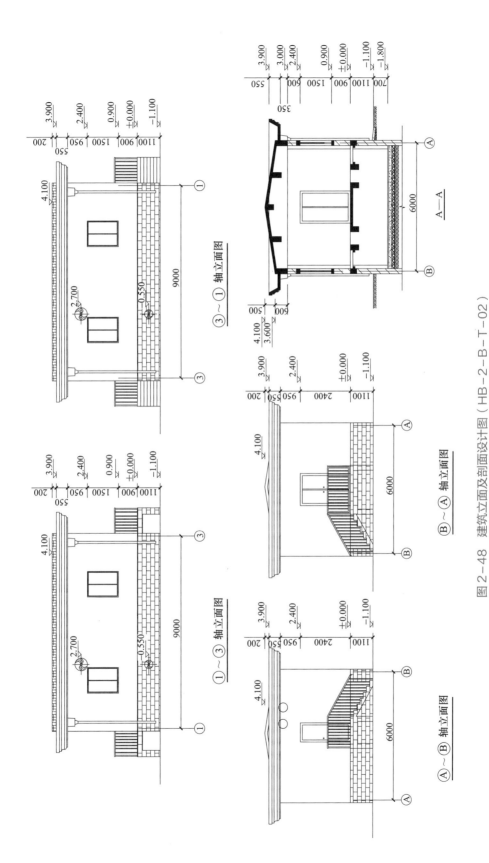

图 2-48　建筑立面及剖面设计图（HB-2-B-T-02）

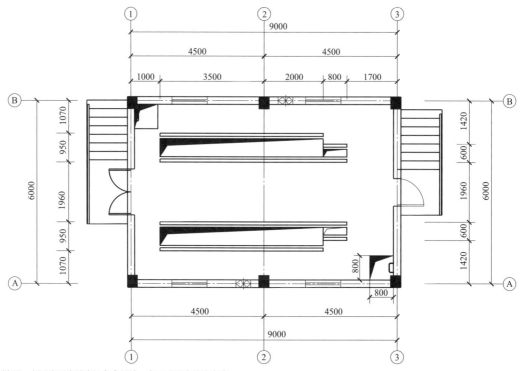

说明：本图按照电缆夹层方案设计，亦可采用电缆沟方案。

图2-49 设备基础平面设计图（HB-2-B-T-02）

2.2 适 用 范 围

（1）KB-1-A开关站适用范围：适用于A+、A、B、C类供电区域；站址选择应接近负荷中心，利于用户接入，并充分考虑防潮、防洪、通风、防潮与隔声等措施。

（2）KB-2开关站适用范围：适用于A+、A类供电区域；站址选择应接近负荷中心，利于用户接入，并充分考虑防潮、防洪、防污秽等要求。

（3）PB-1配电室适用范围：适用于A、B、C类供电区域；城市普通住宅小区、小高层、普通公寓等；站址选择应接近负荷中心，应满足低压供电半径要求。

（4）PB-2配电室适用范围：适用于A、B、C类供电区域；城市普通住宅小区、小高层、普通公寓等；站址选择应接近负荷中心，应满足低压供电半径要求。

（5）PB-3配电室适用范围：适用于A+、A、B类供电区域；城市普通住宅小区、小高层、普通公寓等；站址选择应接近负荷中心，应满足低压供电半径要求。

（6）PB-4配电室适用范围：适用于A+、A、B类供电区域；城市普通住宅小区、小高层、普通公寓等；站址选择应接近负荷中心，应满足低压供电半径要求。

（7）PB-5配电室适用范围：适用于A+、A类供电区域；城市普通住宅小区、小高层、普通公寓等；站址选择应接近负荷中心，应满足低压供电半径要求。

（8）HB-1环网室适用范围：适用于A+、A、B、C类供电区域；站址选择应接近负荷中心，利于用户接入，并充分考虑防潮、防洪、防污秽等要求。

（9）HB-2环网室适用范围：适用于A+、A、B、C类供电区域；站址选择应接近负荷中心，利于用户接入，并充分考虑防潮、防洪、防污秽等要求。

2.3 流 程 图

配电室/开关室/环网室施工流程图如图2-50所示。

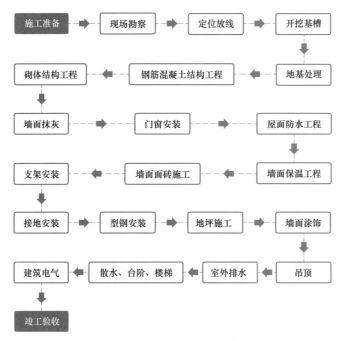

图2-50 配电室/开关室/环网室施工流程图

2.4 施 工 环 节

2.4.1 施工准备

2.4.1.1 材料准备

1. 施工材料

水泥、砂、石子、工程用水、天然级配砂石、灰土、混凝土、钢筋、绑扎丝、铅丝、保护层控制材料、模板、脱模剂、塑料薄膜、接地材料、基础型钢、防腐材料、防水材料、绝缘材料、管材、电缆支架、砌体材料、门窗、涂料、饰面砖、电气材料、轴流风机、保温材料、吊顶材料等。主要材料皆需提供出厂合格证、试验（原材）报告。

（1）水泥：混凝土结构工程用水泥应按同一生产厂家、同一强度等级、同一品种、同一批号且连续进场的水泥。

（2）砂：宜采用平均粒径 0.35～5.50mm 的中砂。使用前应根据使用要求过筛，保持洁净。进场后按相关标准检验，有害物质含量小于 1%，含泥量不宜超过 3%。

（3）石子：工程中水泥混凝土及其制品用石，应选用同一产地天然岩石或卵石经破碎、筛分而得，公称粒径大于 5.00mm 的岩石颗粒。

（4）工程用水：宜采用饮用水，若使用河水、湖水、井水等，应经检测合格后方可使用。

（5）天然级配砂石：宜采用质地坚硬的中砂、粗砂、粒砂、碎石、石屑等；也可采用细砂，但应按照设计要求掺入一定量的碎石合卵石，且颗粒级配良好。级配砂石不得含有草根、树叶、塑料袋等有机杂物及垃圾，含泥量不宜超过 5%。

（6）灰土：配合比一般为 2:8 或 3:7（体积比），拌和时应做到拌和均匀，颜色一致，控制含水量。

（7）混凝土：应采用预拌式混凝土。在特殊情况下可采用自拌式混凝土，砂、石、水泥等原材料应出具复试报告、混凝土实验室配合比、出厂合格证等质量证明文件。

（8）钢筋：钢筋的品种、规格、性能、数量等应符合现行国家产品标准和设计要求，钢筋进场时，应进行外观检查，钢筋应平直、无损伤，表面不得有裂纹、油污、颗粒状或片状老锈，应按 GB/T 1499.1—2017《钢筋混凝土用钢　第 1 部分：热轧光圆钢筋》、GB/T 1499.2—2018《钢筋混凝土用钢　第 2 部分：热轧带肋钢筋》等规定抽取试件作力学性能试验，其质量必须符合相关标准规定，并检查产品标牌、产品合格证、出厂检验报告，所有钢筋皆需提供复试报告。当采用进口钢筋或加工过程中发生脆断等特殊情况，还需做化学成分检验。表面标示与产品证明文件内容应一致，使用单位应当在台账中予以记录，收集并保存产品标牌。产品质量证明书应为原件，复印件必须有保存原件单位的公章、责任人签名、送货日期及联系方式。

（9）绑扎丝：采用 20～22 号铁丝（火烧丝）或镀锌铁丝。绑扎丝切断长度应满足使用要求。

（10）保护层控制材料：品种、规格、性能等应符合现行国家产品标准和设计要求。

（11）模板：不宜采用钢制模板，应采用木胶合板、竹胶合板、复合型模板等，材料应表面平整，强度、刚度及承载力满足要求并符合国家标准规范。

（12）接地材料：可以用热镀锌角钢作为垂直接地极，但不要使用镀铅的材料（环境污染）。水平连接的可以用圆钢或扁钢。钢材、钢铸件的品种、规格、性能等应符合现行国家产品标准和设计要求。

（13）基础型钢：必须符合国家标准，热镀锌防腐。

（14）防腐材料：石油沥青、环氧粉末涂层、环氧树脂涂料、聚氨酯防腐漆等。

（15）防水材料：卷材防水层、水泥砂浆层、涂料防水层等。

（16）电缆支架：金属电缆支架、复合型电缆支架等。

（17）砌体材料：承重砌块包括烧结多孔砖、混凝土小型空心砌块、蒸压粉煤灰砖、蒸压灰砂砖、料石等块材；非承重砌块包括空心砖、加气混凝土砌块、轻集料混凝土小型空心砌块、石脊砌块等块材。

（18）门窗：包括金属门、塑料窗、各种复合门窗、特种门窗等。

（19）建筑电气材料：灯具、开关、配电箱、电线、电工管等。

（20）若外墙贴砖，宜选用仿文化石瓷砖。

（21）保温材料：聚苯板、泡沫混凝土板、加气混凝土板、挤塑板等。

（22）吊顶材料：龙骨、配件、吊杆、拉铆钉、面板等。

2. 技术、安全、质量准备

（1）图纸会检：严格按照国家电网有限公司《电力建设工程施工技术管理导则》的要求做好图纸会检工作。

（2）技术、安全、质量交底：应按照《电力建设工程施工技术管理导则》规定，每个分项工程必须分级进行施工技术、安全、质量交底。交底内容要充实，具有针对性和指导性，全体参加施工的人员都要参加交底并签名，形成书面交底记录。

3. 机械/工器具准备

（1）施工机械/工器具进场清单及检验、试验报告、安全准用证、规格、型号等相关资料准备齐全并进行报审。

（2）主要机械：挖掘机、装载机、自卸翻斗车、混凝土搅拌运输车、压路机、吊车等。

（3）主要工器具：打夯机、电焊机、钢筋调直机、钢筋切断机、钢筋弯曲机、振捣器等。

2.4.1.2 引用标准

（1）GB/T 1596—2017《用于水泥和混凝土中的粉煤灰》。

（2）GB/T 14684—2011《建设用砂》。

（3）GB/T 14685—2011《建设用卵石、碎石》。

（4）GB/T 14902—2012《预拌混凝土》。

（5）JGJ 52—2006《普通混凝土用砂、石质量及检验方法标准》。

（6）GB 50204—2015《混凝土结构工程施工质量验收规范》。

（7）GB 175—2007《通用硅酸盐水泥》。

（8）JGJ 55—2011《普通混凝土配合比设计规程》。

2.4.2 现场勘察

2.4.2.1 施工二次勘察

（1）地基基础工程施工前，必须具备完备的地质勘察资料及工程附近管线、建筑物、构筑物和其他公共设施的构造情况，必要时应作施工勘察和调查，以确保工程质量及临近建筑的安全。施工现场二次勘察示意图如图 2－51 所示。

（2）基坑在全面开挖前，在设计的基础线位上先挖样洞，以了解土壤和地下管线的分布情况。若发现问题，及时提出解决办法，开样洞的数量可根据地下管线的复杂程度来决定。

图 2－51　施工现场二次勘察示意图

2.4.2.2 引用标准

（1）GB 50026—2007《工程测量规范》。

（2）GB 50021—2001《岩土工程勘察规范（2009 年版）》。

2.4.3 定位放线

2.4.3.1 施工质量要点

（1）框架结构定位放线按基础表面轴线为准，采用仪器测量轴线标桩及标高及控制线，并设置标识。定位放线结束后，做好主控轴线标桩以及标高控制线的设置和标识，复测工作由专业人员负责，并做到专人操作、专用仪器、专人保管。现场标高测量示意图如图 2－52

所示，现场施工测量放线示意图如图 2-53 所示。

（2）进行复核后，须经业主或监理核实，填写轴线复核记录。

图 2-52 现场标高测量示意图

图 2-53 现场施工测量放线示意图

2.4.3.2 质量验收标准

（1）控制桩测设：根据建（构）筑物的主轴线设置控制桩。桩深度应超过冰冻土层。建（构）筑物不应少于 4 个。

（2）高程控制桩精度应符合三等水准的精度要求。

（3）平面控制桩精度应符合二级导线的精度要求。

2.4.3.3 引用标准

GB 50026—2007《工程测量规范》。

2.4.4 开挖基槽

2.4.4.1 施工质量要点

（1）依据地质勘察报告、设计图纸编制开挖专项施工方案，土方开挖的顺序、方法必须与设计工况一致，并遵循"先撑后挖、分层开挖、严禁超挖"的原则。基坑机械开挖、人工修槽示意图如图 2-54 所示。

（2）根据建（构）筑物的主轴线设置控制桩，桩身应采取保护措施。

（3）确定开挖方案，开挖中及开挖完成后应对基底标高、基坑轴线、边坡坡度等进行复测，并及时排除积水，确保不超深以及基底土质开挖时不受扰动。基坑标高、轴线复测示意图如图 2-55 所示。

（4）一般情况下，采用放坡开挖；特殊情况下设置基坑的围护或支护措施。基坑四周用硬质防护，设安全警示标识，夜间设警示灯，并安排专人看护。

（5）基坑边沿 1.0m 范围内严禁堆放土、设备或材料等，1.5m 以外的堆载高度不应大于 1m。

基槽采用机械开挖、人工修整，开挖中应对基底标高、基坑轴线、边坡坡度等进行复测

图2-54 基坑机械开挖、人工修槽示意图

开挖完成后，应对基槽标高、轴线等进行复测

图2-55 基坑标高、轴线复测示意图

2.4.4.2 地基验槽

根据图纸及地质勘察报告要求，查勘现场土质，应对基底标高、基坑轴线、边坡坡

度等进行复测，应组织相关人员（业主单位、建设质监单位、勘察单位、设计单位、监理单位、施工单位）进行验槽，并做好记录。基坑验槽示意图如图2-56所示。

根据地质勘察报告设计图纸，组织相关人员对基槽的土质、标高、轴线、边坡等进行复测、复核

图2-56　基坑验槽示意图

2.4.4.3　特殊情况

（1）冬季施工时，基坑挖至基底时要及时覆盖，以防基底受冻。

（2）雨季施工时，应尽量缩短开挖长度，逐段、逐层分期完成，并采取措施防止雨水流入基坑。

（3）遇到障碍物，由建设单位会同设计单位进行现场勘察后，出具设计变更图纸。

2.4.4.4　质量验收标准

开挖基槽工程质量标准和检验方法见表2-1。

表2-1　　　　　　　　　开挖基槽工程质量标准和检验方法

序号	检查项目			质量标准	单位	检验方法及器具
1	基底土性			应符合设计要求		观察检查及检查试验记录
2	边坡、表面坡度			应符合设计要求和现行国家及行业有关标准的规定		观察或用坡度尺检查
3	标高偏差	基坑、基槽		−50～0	mm	用水准仪检查
		挖方场地平整	人工	±30		
			机械	±50		
		管沟		−50～0		
		地（路）面基层*		−50～0		

序号	检查项目			质量标准	单位	检验方法及器具
4	长度、宽度（由设计中心线向两边量）偏差	基坑、基槽		−50～200	mm	用经纬仪和钢尺检查
		挖方场地平整	人工	−100～300		
			机械	−150～500		
		管沟		0～100		
5	表面平整度	基坑、基槽		≤20	mm	用靠尺和楔形塞尺检查
		挖方场地平整	人工	≤20	mm	用水准仪检查
			机械	≤50		
		管沟		≤20	mm	用水准仪检查
		地（路）面基层*		≤20		

* 地（路）面基层的偏差只适用于直接在挖、填方上做地（路）面的基层。

2.4.4.5 引用标准

（1）GB 50007—2011《建筑地基基础设计规范》。

（2）GB 50202—2018《建筑地基基础工程施工质量验收标准》。

（3）JGJ 180—2009《建筑施工土石方工程安全技术规范》。

2.4.5 地基处理

2.4.5.1 施工质量要点

（1）根据地基处理方案，对勘察资料中场地工程地质及水文地质条件进行核查和补充；设计单位对详勘阶段遗留问题或地基处理设计中的特殊要求进行有针对性的勘察，提供地基处理所需的岩土工程设计参数，评价现场施工条件及施工对环境的影响。

（2）当地基处理施工中发生异常情况时，设计单位进行二次勘察，查明原因，为调整、变更设计方案提供岩土工程设计参数，并提供处理的技术措施。

（3）对基坑应先验槽，清除松土，并打2遍底夯，要求平整、干净。

（4）铺设应分段每层进行，并夯实，每层铺设厚度由夯实或碾压机具种类决定并按照规范要求进行。夯打或碾压遍数根据设计要求的压实系数由试验确定，每层施工结束后检查地基的压实系数。

（5）分段施工时，不得在墙角、柱基及承重墙处接缝，上下两层的接缝距离不得小于500mm，接缝处应夯压密实，并做成直槎。当地基高度不同时，应做成阶梯形，每台阶宽度不少于500mm。

（6）灰土地基：

1）土料须采用就地挖出的含有机质小于5%的黏性土或塑性指数大于4的粉土，不得使用表面耕植土、冻土或夹有冻块的土；土料应过筛，粒径不得大于15mm。

2）石灰使用三级以上新鲜灰块，含氧化钙、氯化镁越高越好，使用前 1～2 消解并过筛，粒径不应大于 5mm，不得夹有未熟化的生石灰块和含有过量水分。

3）灰土配合比应符合设计要求，一般用的体积配合比为 2:8 或 3:7（石灰:土），灰土应拌和均匀、颜色一致，含水量以手紧握土料成团、两指轻捏能碎为宜。

（7）天然级配地基：砂、石等原材料质量、配合比应符合设计要求，砂、石应搅拌均匀。基坑级配料换填示意图如图 2－57 所示。施工过程中必须检查分层厚度，分段施工时搭接部分的压实情况、含水量、压实遍数、压实系数。级配换填完成机械压实示意图如图 2－58 所示，压实系数检测示意图如图 2－59 所示。

换填厚度应根据置换软弱土的深度及下卧土层的承载力确定，厚度为 0.5～3.0m；分层铺填应厚度宜为 200～300mm

图 2－57　基坑级配料换填示意图

换填不得在墙角、柱基及承重墙处接缝，上下两层的接缝距离不得小于 500mm，接缝处应夯压密实，并做成直槎

图 2－58　级配换填完成机械压实示意图

图 2-59　压实系数检测示意图

图中标注：每层地基换填完成后，应进行压实度检测

图中标注：灌砂法检测

2.4.5.2　特殊情况

（1）遇湿陷性黄土、淤泥、冻土、流沙土、渣土、垃圾土等特殊地质时，应根据地质勘察报告及设计出具的地基处理方案进行相应的地基处理。

（2）局部水位较高宜采取井点降水。

（3）雨季施工时，应采取防雨、排水措施，以保证灰土在基坑内无积水。夯打完后，应及时进行下一道工序，以防日晒雨淋，遇雨应将松软灰土除去并补填夯实。

（4）冬季施工，必须在基层不冻的状态下进行，土料应覆盖保温，冻土及夹有冻块的土料不得使用；已熟化的石灰应当日用完，以充分利用石灰熟化的热量，当日拌和灰土应当日铺填夯完，表面应用塑料布及草袋覆盖保温，以防灰土垫层早期受冻降低强度。

2.4.5.3　质量验收标准

（1）灰土地基质量验收标准（见表 2-2）。

表 2-2　　　　　　　　　　　灰土地基质量验收标准

序号	检查项目	允许偏差或允许值	
		单位	数值
1	地基承载力	设计要求	
2	配合比	设计要求	
3	压实系数	设计要求	

序号	检查项目	允许偏差或允许值	
		单位	数值
4	石灰粒径	mm	≤5
5	土料有机质含量	%	≤5
6	土颗粒粒径	mm	≤15
7	含水量（与要求的最优含水量比较）	%	±2
8	分层厚度偏差（与设计要求比较）	mm	±50

（2）砂/砂石地基质量验收标准（见表2-3）。

表2-3　　　　　　　　砂/砂石地基质量验收标准

序号	检查项目	允许偏差或允许值	
		单位	数值
1	地基承载力	设计要求	
2	配合比	设计要求	
3	压实系数	设计要求	
4	砂石料有机杂物含量	%	≤5
5	砂石料含泥量	%	≤5
6	石料粒径	mm	≤100
7	含水量（与最优含水量比较）	%	±2
8	分层厚度偏差（与设计要求比较）	mm	±50

（3）灰土的质量检查应逐层用贯入仪检验，满足设计规定的要求。

2.4.5.4　引用标准

（1）GB 50202—2018《建筑地基基础工程施工质量验收标准》。

（2）JGJ 79—2012《建筑地基处理技术规范》。

2.4.6　钢筋混凝土结构工程

2.4.6.1　施工质量要点

1. 垫层混凝土施工

（1）将基础控制线引至基坑内，设置好控制桩，并核实其准确性。

（2）根据基坑轴线位置，支设混凝土垫层模板，浇筑混凝土垫层。

（3）混凝土垫层浇捣应密实、平整，厚度应符合设计要求。

（4）混凝土垫层浇筑完毕后，进行浇水养护，混凝土强度达到1.2N/mm^{2}前，不得在其上踩踏或安装模板支架。

（5）当室外日平均气温连续 5d 稳定低于 5℃时，进入冬季施工，应采取冬季施工措施，完善冬季施工方案。基础垫层模板支设示意图如图 2-60 所示，基础表层清理及洒水湿润示意图如图 2-61 所示，基础垫层浇筑示意图如图 2-62 所示。

将基础控制线引至基坑内，设置好控制桩，并核实其准确性，根据基坑轴线位置，支设基础垫层模板

图 2-60　基础垫层模板支设示意图

混凝土垫层浇筑前，应对基层表面洒水湿润

图 2-61　基础表层清理及洒水湿润示意图

图 2-62　基础垫层浇筑示意图

2. 钢筋工程

（1）钢筋制作：必须使用经试验合格的钢筋，钢筋规格代换须遵守等量代换的原则，并经设计单位同意；钢筋弯钩和弯折，箍筋末端弯钩、钢筋调直符合规范要求。

（2）钢筋焊接和机械连接：钢筋焊接应由持有效证书的焊工操作。焊接前，参与该项施焊的焊工应进行现场条件下的焊接工艺试验，试验结果符合质量检验验收的要求。试验合格后方可成批焊接，并且按规定抽样送检。焊接时应计算接头设置错开距离，在连接区段长度为 35d（d 为钢筋直径）且不小于 500mm 范围内，接头面积百分率应符合规范规定。机械连接按规定取样复检。机械连接取样示意图如图 2-63 所示，焊接件取样示意图如图 2-64 所示。

（3）钢筋绑扎：钢筋绑扎严格按规范要求施工；绑扎应牢固，严禁缺扣、松扣；严禁漏扎，绑扎接头的搭接长度、接头方式及接头设置应符合设计和规程要求。为保证梁、柱节点处箍筋安放质量，可按下列方法施工：当梁骨架钢筋在楼盖上绑扎时，将预先焊好的成品"套箍"放入，按规范间距焊接，防止梁钢筋沉入时骨架倾斜；对 135°/90°的箍筋，待其绑扎好后再用小扳手将 90° 弯钩扳成 135°；所有板负弯矩筋采用钢筋支凳搁置，中距每 600～900mm 一个，浇筑混凝土时应不断检查板负弯矩筋高度，严禁破坏钢筋支凳,确保钢筋位置正确。具体做法参照 16G101-1、16G101-2、16G101-3、18G901-3 图集中规定。构造柱与梁钢筋绑扎效果图如图 2-65 所示，结构板钢筋绑扎示意图如图 2-66 所示。

通过钢筋与连接件的机械咬合或钢筋
端面的承受，将一根钢筋的力传递至
另一根钢筋的连接方式

图2-63　机械连接取样示意图

钢筋电渣压力焊接，适用于竖向受力
钢筋连接，不得在竖向焊接后横置于
梁、板等构件中作水平钢筋用

图2-64　焊接件取样示意图

箍筋与主筋要垂直，箍筋转角处与主筋交点均要绑扎

图 2-65　构造柱与梁钢筋绑扎效果图

绑扎应牢固，严禁缺扣、松扣；严禁漏扎

图 2-66　结构板钢筋绑扎示意图

（4）钢筋保护层：预先制作与混凝土同标号的混凝土垫块，中间预埋扎丝，以便梁支设侧边保护层时使用。

3. 模板工程

（1）模板及其支架应根据结构形式、载荷大小、地基基础类别、施工设备以及材料供应等条件进行设计，符合有关的强度、刚度、稳定性要求。模板制作前应认真做好翻样工作，特别是梁、柱交接点部位的翻样。

（2）支撑系统采用钢管排架，应按模板在施工阶段的变形量控制要求及有关规定设置，做到既要保证其强度、刚度和稳定性，又要考虑构造简单、安拆方便，支撑系统及模板系统应经过计算。模板支撑系统效果图如图2-67所示。

图2-67 模板支撑系统效果图

（3）安装柱模板前，必须先在基础框架柱周边弹出柱边控制线，并在其根部设钢筋限位，以确保柱根部位置的准确。安装前，检查柱筋和预埋件是否按设计要求设置。

（4）安装梁底模板时应先复核钢管排架、底模横楞的标高是否正确。当梁跨度大于4m时，应按规范规定要求起拱。当梁、柱模板平面接槎时，柱模板应支设到梁模板底，梁模板头竖向同柱模板接平。

（5）模板支设重点应控制其底模刚度、侧模垂直度、表面平整度，特别要注意外围模板、柱模、梁模等处模板轴线位置的正确性。

（6）当模板安装完毕后，应由专业人员对其轴线、标高、各部件构建尺寸、支撑系统以及模板基础、起拱高度进行检查。模板工程复测如图2-68所示。

图2-68 模板工程复测示意图

（7）预埋管线、套管、预留孔洞、预埋件在合模时或混凝土浇筑前，应预先固定、反复校核，不得遗漏。预埋件用直径4mm螺栓固定在模板上，周边用防水胶带粘贴。砌体拉结筋按要求留置。

（8）模板支设后要达到以下要求：保证结构和构件各部位形状尺寸和相互间位置的正确性；具有足够的稳定性和牢固性；接缝严密，不漏浆。梁及屋面模板支设效果图如图2-69所示。

图2-69 梁及屋面模板支设效果图

（9）梁板底模板的拆除，应满足如下的条件：跨梁不大于 8m 时，混凝土强度要达到 75%；跨梁不小于 8m 时，混凝土强度要达到 100%。板不大于 2m 时，混凝土的强度要达到 50%；板不小于 2m 且不大于 8m 时，混凝土强度要达到 75%；板不小于 8m 时，混凝土强度要达到 100%。悬臂构件混凝土强度要达到 100%方可拆除，应以同条件养护试件的试验结果为依据。在拆模过程中，如发现混凝土有影响结构安全问题时，应停止拆除，并报技术负责人处理。模板拆除完成效果图如图 2-70 所示。

图 2-70　模板拆除完成效果图

4. 混凝土工程

（1）检查商品混凝土的配合比，并检查坍落度是否满足设计要求。混凝土坍落度检测示意图如图 2-71 所示。

（2）混凝土的浇筑通道宜采用脚手板铺平作两条跑道，每条跑道宽 1.2m 左右，以保证混凝土施工过程中已绑扎成型的钢筋不变形。

（3）浇筑混凝土要连续施工，尽量避免留置施工缝。必须留施工缝的部位，应符合规范要求，施工缝应留平、留直。在接缝时，结合面应为粗糙面，并应清除浮浆、松动石子、软弱混凝土层；结合面处应洒水湿润，但不得有积水。柱、墙水平施工缝水泥砂浆接浆层厚度不应大于 30mm，接浆层水泥砂浆应与混凝土浆液成分相同。混凝土振捣要密实，振动棒应快插慢拔，以混凝土不出气泡、不下陷、表面泛浆为准。

（4）柱混凝土应浇至梁底 50～100mm 处或梁端弯筋底，梁板宜一次连续浇筑完毕，不留施工缝。肋形梁板浇筑，应顺次梁方向。如遇特殊情况需留施工缝时，应留在剪力最小部位上。基础梁及构造柱承台混凝土浇筑示意图如图 2-72 所示。

图 2-71 混凝土坍落度检测示意图

图 2-72 基础梁及构造柱承台混凝土浇筑示意图

（5）混凝土浇筑时分层下料，分层振捣，下料厚度宜控制在300mm。振捣时，振动棒插入下一层的100mm，使上下结合密实。振动棒严禁触碰钢筋，防止模板跑模。振动棒应快插慢拔，按行列式或交错式前进，振动棒移动距离一般在300～500mm，每次振捣时间控制在20～30s之间。以混凝土表面呈现水泥浆和混凝土不再沉陷为准。屋面的混凝土在初凝前还应用平板振动器复振，再用木抹子搓平以及紧光机施工。

（6）混凝土试块留置：试块应在混凝土浇筑地点随机抽取制作，取样与留置数量应符合GB 50204—2015《混凝土结构工程施工质量验收规范》的规定，并根据需求留置满足标准养护、同条件检测等用的试块。混凝土试块制作示意图如图2-73所示。

图2-73　混凝土试块制作示意图

5. 混凝土养护

（1）混凝土浇筑后立即进行覆膜养护，使混凝土表面处于足够的湿润状态，由专人负责养护，养护时间不得少于7d。对掺用缓凝剂型外加剂或有抗渗要求的混凝土，养护时间不得少于14d；当平均气温低于5℃时，按照冬季施工进行养护。混凝土表面覆膜养护示意图如图2-74所示。

（2）洒水养护宜在混凝土裸露表面覆盖塑料薄膜、麻袋或草帘后进行，也可采用直接洒水养护方式；洒水养护应保证混凝土处于湿润状态。

（3）覆盖物应严密，覆盖物的层数应按施工方案确定。

混凝土裸露表面覆盖塑料薄膜，防止水分过快蒸发

图 2-74　混凝土表面覆膜养护示意图

2.4.6.2　质量验收标准

（1）钢筋加工质量标准和检验方法（见表 2-4）。

表 2-4　　　　　　　　　　钢筋加工质量标准和检验方法

类别	序号	检查项目	质量标准	单位	检验方法及器具
主控项目	1	原材料抽检	钢筋进场时，应按国家现行相关标准的规定抽取试件进行力学性能检验和质量偏差检验，检验结果必须符合有关标准的规定		检查产品合格证、出厂检验报告和进场复验报告
	2	有抗震要求的框架结构	对有抗震设防要求的结构，其纵向受力钢筋的性能应满足设计要求。当设计无具体要求时，对一级、二级、三级抗震等级设计的框架和斜撑构建(含梯段)中的纵向受力钢筋应采用 HRB335E、HRB400E、HRB500E、HRBF335E、HRBF400E 级或 HRBF500E 级钢筋，其强度和最大力下总伸长率的实测值应符合下列规定： （1）钢筋的抗拉强度实测值与屈服强度实测值的比值不应小于 1.25。 （2）钢筋的屈服强度实测值与强度标准值的比值不应大于 1.30。 （3）钢筋在最大拉力下总伸长率实测值不应小于 9%		检查进场复验报告
	3	化学成分专项检验	当发现钢筋脆断、焊接性能不良或力学性能显著不正常等现象时，应对该批钢筋进行化学成分检验或其他专项检验		检查化学成分等专项检查报告
	4	受力钢筋弯钩或弯折	（1）HPB235 级钢筋末端应做 180° 弯钩，其弯弧内直径不应小于钢筋直径的 2.5 倍，弯钩的弯后平直部分长度不应小于钢筋直径的 3 倍。 （2）当设计要求钢筋末端需做 135° 弯钩时，HRB335、HRB400 级钢筋的弯弧内直径不应小于钢筋直径的 4 倍，弯钩的弯后平直部分长度应符合设计要求。 （3）钢筋做不大于 90° 的弯折时，弯折处的弯弧内直径不应小于钢筋直径的 5 倍		用钢尺检查

类别	序号	检查项目		质量标准	单位	检验方法及器具
主控项目	5	箍筋末端弯钩		除焊接封闭环式箍筋外，箍筋的末端还应做弯钩，弯钩的形式应符合设计要求。当设计无具体要求时，应符合下列规定： （1）箍筋弯钩的弯弧内直径除应满足本表主控项目第4项的规定外，尚应不小于受力钢筋直径。 （2）箍筋弯钩的弯折角度：对一般结构，不应小于90°；对有抗震等要求的结构，应为135°。 （3）箍筋弯后平直部分长度：对一般结构，不宜小于箍筋直径的5倍；对有抗震要求的结构，不应小于箍筋直径的10倍		用钢尺检查
一般项目	1	钢筋表面质量		钢筋应平直、无损伤，表面不得有裂纹、油污、颗粒状或片状老锈		观察检查
	2	钢筋调直		应符合设计要求和现行有关标准规定		观察检查
	3	钢筋加工偏差	受力钢筋顺长度方向全长的净尺寸	±10	mm	用钢尺检查
	4		弯起钢筋的弯折位置	±20		
	5		箍筋内净尺寸	±5		

（2）混凝土基础桩钢筋焊接质量标准和检验方法（见表2-5）。

表2-5 钢筋焊接质量标准和检验方法

类别	序号	检查项目		质量标准	单位	检验方法及器具
主控项目	1	原材料及焊接材料的品种、规格、性能等		凡施焊的各种钢筋、钢板均应有质量证明书，焊条、焊剂应有产品合格证		检查质量合格证书、中文标识及检验报告
	2	焊接技能		从事钢筋焊接施工的焊工必须持有焊工考试合格证，才能上岗操作		检查考试合格证
	3	钢筋级别		钢筋安装时，受力钢筋的品种、级别、规格和数量必须符合设计要求		检查出厂证件和试验报告
	4	焊前试焊		在工程开工正式焊接开始之前，参与该项施焊的焊工应进行现场条件下的焊接工艺试验，并经试验合格后，方可正式生产。试验结果应符合质量检验与验收时的要求		检查试件试验报告
	5	钢筋焊接接头的机械性能		必须符合JGJ 18—2012《钢筋焊接及验收规程》的规定		检查焊接试验报告
	6	焊接材料与母材的匹配		必须符合设计要求及现行有关标准的规定		检查质量证明书及烘焙记录
一般项目	1	钢筋表面质量		钢筋应平直、无损伤，表面不得有裂纹、油污、颗粒状或片状老锈		观察检查
	2	接头焊缝外观质量		接头处无裂纹、气孔、夹渣，咬边深度不大于0.5mm；焊缝表面无较大凹陷、焊瘤		观察和用刻度放大镜检查
	3	焊缝尺寸要求	长度	双焊面，HPB235级钢筋，≥4d；HRB335、HRB400级钢筋，≥5d		用焊接工具检查尺检查
			宽度	≥0.6d		
			厚度	≥0.35d		
	4	焊条外观质量		不应有药皮脱落、焊芯生锈等缺陷；焊剂不应受潮结块		观察检查

注 d 为钢筋直径。

（3）钢筋安装质量标准及检验方法（见表2-6）。

表2-6　　　　　　　　　钢筋安装质量标准和检验方法

类别	序号	检查项目			质量标准	单位	检验方法及器具
主控项目	1	钢筋的品种、级别、规格和数量			受力钢筋的品种、级别、规格和数量必须符合设计要求		观察和用钢尺检查
	2	焊接（机械连接）接头的质量			应符合 JGJ 107—2016《钢筋机械连接技术规程》和 JGJ 18—2012《钢筋焊接及验收规程》		检查产品合格证、接头力学性能试验报告
	3	纵向受力钢筋连接方式			应符合设计要求和现行有关标准的规定		观察检查
一般项目	1	接头位置			宜设在受力较小处。同一纵向受力钢筋不宜设置两个或两个以上接头；接头末端至钢筋弯起点距离不应小于钢筋直径的 10 倍		观察和用钢尺检查
	2	受力钢筋焊接（机械连接）接头设置			宜相互错开。在连接区段长度为 35d 且不小于 500mm 范围内，接头面积百分率应符合 GB 50204—2015《混凝土结构工程施工质量验收规范》的规定		观察和用钢尺检查
	3	绑扎搭接接头			同一构件中相邻纵向受力钢筋的绑扎搭接接头宜相互错开。接头中钢筋的横向净距不应小于钢筋直径，且不应小于 25mm。搭接长度应符合标准的规定。连接区段 1.3L_1 长度范围内，接头面积百分率应满足以下规定： （1）对梁类、板类及墙类构件，不宜大于 25%。 （2）对柱类构件，不宜大于 50%。 （3）当工程中确有必要增大接头面积百分率时，对梁类构件，不宜大于 50%；对其他构件，可根据实际情况放宽。		观察和用钢尺检查
	4	箍筋配置			在梁、柱类构件的纵向受力钢筋搭接长度范围内，应按设计要求配置箍筋。当设计无具体要求时，应符合 GB 50204—2015《混凝土结构工程施工质量验收规范》的规定		用钢尺检查
	5	钢筋网	网片长、宽偏差		±10	mm	用钢尺检查
	6		网眼尺寸偏差		±20		用钢尺检查，用尺量连续 3 挡，取最大值
	7		网片对角线差		≤10		用钢尺检查
	8	钢骨筋架	长度偏差		±10	mm	用钢尺检查
	9		宽、高度偏差		±5		用钢尺检查
	10	受力钢筋	间距偏差		±10	mm	用尺量两端、中间各一点
	11		排距偏差		±5		用钢尺检查，取最大值
	12		保护层厚度偏差	基础	±10	mm	用钢尺检查
				柱、梁	±5		
				板、墙壳	±3		
	13	箍筋、横向钢筋间距偏差			±20	mm	用钢尺检查，用尺量连续 3 挡，取最大值
	14	钢筋弯起点位移			≤20	mm	用钢尺检查

类别	序号	检查项目		质量标准	单位	检验方法及器具
一般项目	15	预埋件	中心位移	≤5	mm	用钢尺检查
	16		水平高差	0～3		用钢尺和楔形塞尺检查
	17	插筋	中心位移	≤5	mm	用钢尺检查
	18		外露长度偏差	0～10		

注 d 为纵向受力钢筋的较大直径，L_1 为搭接长度。

（4）现浇钢筋混凝土模板安装质量标准和检验方法（见表2-7）。

表2-7　　　　　现浇钢筋混凝土模板安装质量标准和检验方法

类别	序号	检查项目		质量标准	单位	检验方法及器具
主控项目	1	模板及其支架		应根据工程结构形式、荷载大小、地基土类别、施工设备和材料供应等条件进行设计。模板及其支架应具有足够的承载能力、刚度和稳定性，能可靠地承受浇筑混凝土的重力、侧压力以及施工荷载		检查计算书，观察和手摇动检查
	2	上、下层支架的立柱		应对准，并铺设垫板		观察检查
	3	隔离剂		不得沾污钢筋和混凝土接槎处		观察检查
一般项目	1	模板安装		（1）模板的接缝不应漏浆，木模板应浇水湿润，但模板内不应有积水。 （2）模板与混凝土的接触面应清理干净，并涂刷隔离剂。 （3）模板内的杂物应清理干净。 （4）对清水混凝土及饰面清水混凝土工程，应使用能达到设计效果的模板。		观察检查
	2	地坪、胎膜		应平整、光洁，不得产生影响结构质量的下沉、裂缝、起砂或起鼓		观察检查
	3	跨度≥4m的梁板起拱度	设计有要求	应符合设计要求		用水准仪或拉线、钢尺检查
			设计无要求	起拱高度宜为跨度的1/1000～3/1000		
	4	预埋件、预留孔（洞）		应齐全、正确、牢固		观察和手摇动检查
	5	预埋件制作、安装		中心线位置允许偏差3mm		用钢尺检查
	6	轴线位移		≤5	mm	用钢尺检查
	7	标高偏差	杯形基础的杯底	-20～-10	mm	用水准仪或拉线、钢尺检查
			其他基础模板	±5		
	8	标高偏差	底模上表面	±5	mm	用水准仪或拉线、钢尺检查
			有装配件的支撑面	-5～0		
	9	截面尺寸偏差	基础	±10	mm	用钢尺检查
			柱、墙、梁	-5～4		

类别	序号	检查项目		质量标准	单位	检验方法及器具
一般项目	10	垂直度	≤5m	≤6	mm	用经纬仪或吊线检查
			>5m	≤8		用钢尺检查
	11	侧向弯曲	基础	≤L_2/750，且≤20mm		用拉线和钢尺检查
			墙、梁	≤L_2/1000，且≤10mm		
			柱	≤L_2/1000，且≤15mm		
	12	相邻两板表面高低差		≤2	mm	用钢尺检查
	13	表面平整度		≤5	mm	用靠尺和塞尺检查
	14	预留孔中心位移		≤3	mm	观察和用钢尺检查
	15	预留	中心位移	≤10	mm	用拉线和钢尺检查
			截面尺寸偏差	0～10		
			外露长度偏差	0～10		

注 L_2为长度。

（5）模板拆除工程质量标准和检验方法（见表2-8）。

表2-8　　　　　　　　　模板拆除工程质量标准和检验方法

类别	序号	检查项目				质量标准	单位	检验方法及器具
主控项目	1	模板及其支架拆除				模板及其支架拆除的顺序及安全措施应按施工技术方案执行		观察检查
	2	底模及支架拆除时的混凝土强度	设计有要求时			应符合设计要求		检查同条件养护试件强度试验报告
			无设计要求时	板	≤2m	≥50		
					>2m且≤8m	≥75		
					>8m	≥100		
				悬臂构件		≥100		
一般项目	1	侧模拆除				混凝土强度应能保证其表面及棱角不受损伤		观察检查
	2	模板拆除				模板拆除时，不应对楼层形成冲击荷载。拆除的模板和支架宜分散堆放并及时清运		观察检查

注 底模及支架拆除时的混凝土强度标准为应达到设计强度标准值的百分率。

（6）混凝土施工质量标准和检验方法（见表2-9）。

表 2-9　　　　　　　　　混凝土施工质量标准和检验方法

类别	序号	检查项目		质量标准	单位	检验方法及器具
主控项目	1	混凝土强度及试件取样留置		混凝土的强度等级必须符合设计要求。用于检查结构构件混凝土强度的试件,应在混凝土的浇筑地点随机抽取		检查施工记录及试件强度试验报告
	2	抗渗混凝土		抗渗混凝土试件应在浇筑地点随机取样;抗渗性能应符合设计要求		检查试件抗渗试验报告
	3	混凝土原材料每盘称量的误差	水泥、掺合料	±2	%	检查搅拌记录,复称
			粗、细骨料	±3		
			水、外加剂	±2		
	4	混凝土运输、浇筑及间歇		全部时间不应超过混凝土的初凝时间,同一施工段的混凝土应连续浇筑,并应在底层混凝土初凝之前将上一层混凝土浇筑完毕。当底层混凝土初凝后浇筑上一层混凝土时,应按施工缝的要求进行处理		观察,检查施工记录
一般项目	1	施工缝留置及处理		应按设计要求和施工技术方案确定、执行		观察,检查施工记录
	2	养护		应符合施工技术方案的现行有关标准的规定		观察,检查施工记录

（7）现浇混凝土结构外观质量标准和检验方法（见表 2-10）。

表 2-10　　　　　　　　　现浇混凝土结构外观质量标准和检验方法

类别	序号	检查项目			质量标准	单位	检验方法及器具
主控项目	1	外观质量			不应有严重缺陷。对已经出现的严重缺陷,应由施工单位提出技术处理方案,并经监理(建设)、设计单位认可后进行处理。对经处理的部位,应重新检查验收		观察,检查技术处理方案
	2	尺寸偏差			不应有影响结构性能和使用功能的尺寸偏差。对超过尺寸允许偏差且影响结构性能和安装、使用功能的部位,应由施工单位提出技术处理方案,并经监理(建设)、设计单位认可后进行处理。对经处理的部位,应重新检查验收		观察,检查技术处理方案
一般项目	1	外观质量			不宜有一般缺陷。对已经出现的一般缺陷,应由施工单位按技术处理方案进行处理,并重新检查验收		观察,检查技术处理方案
	2	轴线位移	墙、柱、梁		≤8	mm	用钢尺检查
	3	垂直度	层高	≤5m	≤8	mm	用经纬仪、吊线或钢尺检查
				>5m	≤10		
			全高		≤H_4/1000,且≤30mm		用经纬仪、钢尺检查
	4	标高偏差	层高		±10	mm	用水准仪、拉线或钢尺检查
			偏差		±10		
	5	截面尺寸偏差			-5～8	mm	用钢尺检查

类别	序号	检查项目		质量标准	单位	检验方法及器具
一般项目	6	表面平整度		≤8	mm	用 2m 靠尺和楔形塞尺检查
	7	预留洞中心位移		≤15	mm	用钢尺检查
	8	预留孔	中心位移	≤3	mm	用钢尺检查
	9		截面尺寸偏差	0~10		
	10	混凝土预埋件拆模后质量		应检查预埋件位置是否正确		用钢尺检查

注 H_4 为全高。

2.4.6.3 引用标准

（1）GB 50300—2013《建筑工程施工质量验收统一标准》。

（2）GB 50666—2011《混凝土结构工程施工规范》。

（3）GB 50204—2015《混凝土结构工程施工质量验收规范》。

（4）JGJ 55—2019《普通混凝土配合比设计规程》。

（5）GB/T 14902—2012《预拌混凝土》。

（6）GB 50164—2011《混凝土质量控制标准》。

（7）JGJ 169—2009《清水混凝土应用技术规程》。

（8）JGJ 107—2016《钢筋机械连接技术规程》。

（9）JGJ 18—2012《钢筋焊接及验收规程》。

（10）GB 50010—2010《混凝土结构设计规范（2015 年版）》。

（11）GB/T 50107—2010《混凝土强度检验评定标准》。

2.4.7 砌体结构工程

2.4.7.1 施工质量要点

1. 砖砌体

（1）将采用铺浆法砌筑砌体，铺浆长度不得超过 750mm；当施工期间温度超过 30℃时，铺浆长度不得超过 500mm。

（2）240mm 厚度承重墙的每层墙的最上一皮砖，砖砌体的阶台至水平面上及挑出层的外皮砖，应整砖丁砌。

（3）弧拱式及平拱式过梁的灰缝应砌成楔形缝，拱底灰缝宽度不宜小于 5mm，拱底灰缝宽度不应大于 15mm，拱底的纵向及横向灰缝应填实砂浆；平拱式过梁拱脚下面应伸入墙内不小于 20mm；砖砌平拱过梁底应有 1%的起拱。

（4）砖过梁底部的模板及其支架拆除时，灰缝砂浆强度不应低于设计强度的 75%。

（5）多孔砖的孔洞应垂直于受压面砌筑。半盲孔多孔砖的封底面应朝上砌筑。

（6）竖向灰缝不应出现瞎缝、透明缝和假缝。

（7）竖砖砌体施工临时间断处补砌时，必须将接槎处表面清理干净，洒水湿润，并填实砂浆，保持灰缝平直。砌筑材料洒水湿润示意图如图2-75所示。

砖砌筑前，应充分洒水湿润

图2-75　砌筑材料洒水湿润示意图

（8）砌体灰缝砂浆应密实饱满，砖墙水平灰缝的砂浆饱满度不得低于80%，砖柱水平灰缝和竖向灰缝饱满度不得低于90%。

（9）砖砌体的转角处和交接处应同时砌筑，严禁无可靠措施的内外墙分砌施工。在抗震设防烈度为8度及8度以上地区，对不能同时砌筑而又必须留置的临时断处应砌成斜槎，普通砖砌体斜槎水平投影长度不应小于高度的2/3，多孔砖砌体的斜槎长高不应小于1/2。斜槎高度不得超过一步脚手架的高度。

（10）砖砌体组砌方法应正确，内外搭砌，上下错缝。清水墙、窗间墙无通缝；混水墙（砌体完成后需整体抹灰的墙）中不得有长度大于300mm的通缝，长度200～300mm的通缝每间不超过3处，且不得位于同一墙面体上。砖柱不得采用包心砌法。

（11）砖砌体的灰缝应横平竖直，厚薄均匀，水平灰缝厚度及竖向灰缝厚度宽度宜为10mm，不应小于8mm，也不应大于12mm。砌筑体平整度检测示意图如图2-76所示。

2. 配筋砌体

（1）设置在灰缝内的钢筋，应居中置于灰缝内，水平灰缝厚度应大于钢筋直径4mm以上。配筋砌体钢筋布置效果图如图2-77所示。

（2）构造柱与墙体的连接应符合下列规定：

1）构造柱与墙体连接处应砌成马牙槎，马牙槎凸凹尺寸不宜小于60mm，高度不应超过300mm，马牙槎应先进后退，对称砌筑；马牙槎尺寸偏差每一构造柱不应超过 2 处。

砌体灰缝砂浆应密实饱满，砖墙水平灰缝的砂浆饱满度不得低于80%

图 2-76　砌筑体平整度检测示意图

灰缝内的拉结钢筋，应居中置于灰缝内，水平灰缝厚度应大于钢筋直径4mm以上

图 2-77　配筋砌体钢筋布置效果图

　　2）预留拉结钢筋的规格、尺寸、数量及位置应正确，拉结钢筋应沿墙高每隔 500mm 设 2ϕ6mm，伸入墙内不宜小于 1000mm，钢筋的竖向移位不应超过 100mm，且竖向移位每一构造柱不得超过 2 处。拉结钢筋及纵向钢筋布置设计图如图 2-78 所示。

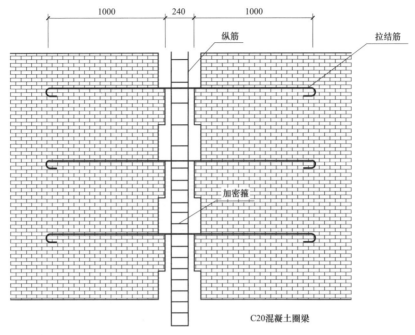

图 2-78　拉结钢筋及纵向钢筋布置设计图

3）施工中不得任意弯折拉结钢筋。

（3）钢筋砌体中受力钢筋的连接方式及锚固长度、搭接长度应符合设计要求。

（4）设置在砌体灰缝中钢筋的防腐保护应符合相关规定，且钢筋保护层完好，不应有肉眼可见裂纹、剥落和擦痕的缺陷。

3. 填充墙砌体

（1）填充墙砌体砌筑，应待承重主体结构检验批验收合格后进行。填充墙与承重主体结构间的空（缝）隙部位施工，应在填充墙内 14d 后进行。填充墙施工示意图如图 2-79所示。

图 2-79　填充墙施工示意图

（2）填充墙砌体与主体结构可靠连接，其连接构造应符合设计要求，未经设计同意，不得随意改变连接构造方法。每一填充墙与柱的拉结筋的位置不得超过一皮，块体高度的数量不得多于一处。

（3）填充墙与承重墙、柱、梁的连接钢筋，当采用化学植筋的连接方式时，应进行实体检测，锚固钢筋拉拔试验的轴向受拉非破坏承载力检验值应为6.0kN。化学植筋连接施工示意图如图2-80所示。抽检钢筋在检验值作用下应基材无裂缝、钢筋无滑移宏观裂损现象；持荷2min期间荷载值降低不大于5%。检验批验收可按相关规定通过正常检验一次、二次抽样判定。填充墙砌体植筋锚固力检测记录可按相关规范填写。

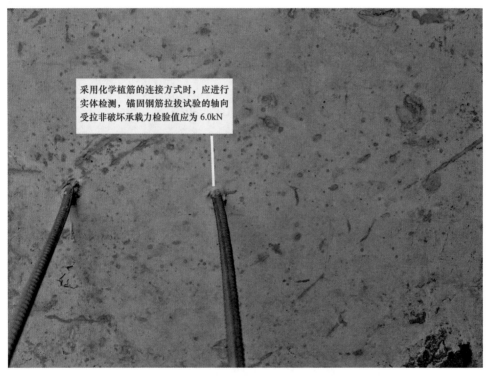

采用化学植筋的连接方式时，应进行实体检测，锚固钢筋拉拔试验的轴向受拉非破坏承载力检验值应为6.0kN

图2-80　化学植筋连接施工示意图

（4）填充墙留置的拉结钢筋或网片的位置应与块体皮数相符合。拉结钢筋或网片应置于灰缝中，直埋长度应符合设计要求，竖向位置偏差不应超过一皮高度。

（5）砌筑填充墙时应错缝搭砌，蒸压加气混凝土砌块搭砌长度不应小于砌块长度的1/3；轻骨料混凝土小型空心砌块搭砌长度不应小于90mm；竖向通缝不应大于2皮。

（6）填充墙的水平灰缝厚度和竖向灰缝宽度应正确，烧结空心砖、轻骨料混凝土小型空心砌块体的灰缝应为8～12mm；蒸压加气混凝土砌块砌体当采用水泥砂浆、水泥混合砂浆或蒸压加气混凝土砌块砌筑砂浆时，水平灰缝厚度和竖向灰缝宽度不应超过15mm；当蒸压加气混凝土砌块砌体采用蒸压加气混凝土砌块粘结砂浆时，水平灰缝厚度和竖向灰缝宽度宜为3～4mm。

2.4.7.2 特殊情况

当室外日平均气温连续 5d 稳定低于 5℃时，砌体工程应采取冬季施工措施。砌体工程冬季施工应有完整的冬季施工方案。

2.4.7.3 质量验收标准

（1）砌体工程验收前，应提供下列文件和记录：

1）设计变更文件；

2）施工执行的技术标准；

3）原材料出厂合格证书、产品性能检测报告和进场复验报告；

4）混凝土及砂浆配合比通知单；

5）混凝土及砂浆试件抗压强度试验报告；

6）砌体工程施工记录；

7）隐蔽工程验收记录；

8）分项工程检验批的主控项目、一般项目验收记录；

9）填充墙砌体植筋锚固力检测记录；

10）重大技术问题的处理方案和验收记录。

（2）砌体子分部工程验收时，应对砌体工程的观感质量作出总体评价。

（3）砌砖砌体工程质量标准和检验方法（见表 2-11）。

表 2-11　　　　　　　　砌砖砌体工程质量标准和检验方法

类别	序号	检查项目	质量标准	单位	检验方法及器具
主控项目	1	砖强度等级、规格	必须符合设计要求		检查砖、外加剂质量检验报告和试验报告
	2	砂浆品种、强度等级和外加剂	砂浆的强度等级必须符合设计要求。凡在砂浆中掺入有机塑化剂、早强剂、缓凝剂、防冻剂等，均应经检验和试配符合要求后，方可使用。有机塑化剂应有砌体强度的型式检验报告		检查砂浆试块试验报告
	3	斜槎留置	砖砌体的转角处和交接处应同时砌筑，严禁无可靠措施的内外墙分砌施工。对不能同时砌筑而又必须留置的临时间断处应砌成斜槎，斜槎的水平投影长度不应小于高度的 2/3，多孔砖砌体的斜槎长高比不应小于 1/2。斜槎高度不得超过一步脚手架的高度		观察检查
	4	直槎拉结钢筋及接槎处理	应符合设计要求和现行有关标准的规定		观察和用钢尺检查
	5	水平灰缝砂浆饱满度	灰缝横平竖直、密实饱满，实心砌体水平灰缝饱满度必须达到 80%以上；砖柱水平及竖向灰缝饱满度必须达到 90%以上		用百格网检查砖底面与砂浆的粘结痕迹面积。每处检测 3 块砖，取其平均值
	6	基础防潮层	应符合设计要求和现行有关标准的规定		观察检查
	7	轴线位移	≤10	mm	用经纬仪和钢尺或其他测量仪器检查

类别	序号	检查项目			质量标准	单位	检验方法及器具
主控项目	8	垂直度	层高		≤5	mm	用2m托线板检查
			全高	≤10m	≤10		用经纬仪、吊线和钢尺或其他测量仪器检查
				>10m	≤20		
一般项目	1	组砌方法	清水墙		组砌正确，不应出现通缝，接槎密实、平直		观察检查
			混水墙		内外搭砌，砖柱不得采用包心砌法，混水墙中不得有长度大于300mm的通缝，长度为200～300mm的通缝每间不超过3处，且不得位于同一面墙体上		
	2	水平灰缝厚度和竖缝宽度			宜为3～4mm		水平灰缝厚度用尺量5皮砖砌体高度并折算，竖向灰缝宽度用尺量2m砌体长度并折算
	3	基础顶面和楼面标高偏差			±15	mm	用水平仪和钢尺检查
	4	表面平整度	清水墙、柱		≤5	mm	用靠尺和楔形塞尺检查
			混水墙、柱、基础		≤8		
	5	门窗洞口高度、宽度偏差			±10	mm	用钢尺检查
	6	外墙上下窗偏移			≤20	mm	以底层窗口为准，用经纬仪或吊线检查
	7	水平灰缝平直度	清水墙		≤7	mm	用拉线和钢尺检查
			混水墙		≤10		
	8	清水墙游丁走缝			≤20	mm	用吊线和钢尺检查，以每层第一皮砖为准
	9	水平灰缝厚度偏差（5皮砖累计）			3～4	mm	与皮数相比较，用钢尺检查
	10	预留洞	中心位移		≤10	mm	用拉线和钢尺检查
			截面内部尺寸偏差		0～10		

（4）填充墙砌体工程质量标准和检验方法（见表2-12）。

表2-12　　　　　　　　填充墙砌体工程质量标准和检验方法

类别	序号	检查项目	质量标准	单位	检验方法及器具
主控项目	1	块材强度等级	必须符合设计要求		检查合格证书、性能检测报告
	2	砂浆强度等级	必须符合设计要求		检查砂浆试块试验报告

类别	序号	检查项目			质量标准	单位	检验方法及器具
一般项目	1	无混砌现象			蒸压加气混凝土砌块砌体和轻骨料混凝土小型空心砌块砌体不应与其他块材混砌		观察检查
	2	拉结钢筋或网片			填充墙砌体留置的拉结钢筋或网片的位置应与块体皮数相符合;拉结钢筋或网片置于灰缝中,埋置长度应符合设计要求,竖向位置偏差不应超过1皮高度		观察和用钢尺检查
	3	错缝搭砌			填充墙砌筑时应错缝搭砌,蒸压加气混凝土砌块搭砌长度不应小于砌块长度的1/3;轻骨料混凝土小于砌块长度的1/3;轻骨料混凝土小型空心砌块搭砌长度不应小于90mm;竖向通缝不应大于2皮		观察和用钢尺检查
	4	灰缝厚度和宽度			填充墙砌体的灰缝厚度和宽度应正确。空心砖、轻骨料混凝土小型空心砌块的砌体灰缝应为8~12mm。蒸压加气混凝土砌块砌体的水平灰缝厚度及竖向灰缝宽度分部宜为15mm和20mm		用尺量5皮空心砖或小砌块的高度和2m砌体长度并折算
	5	梁底砌法			填充墙砌至接近梁、板底时,应留一定空隙,待填充墙砌完并应至少间隔14天后,再将其补砌挤紧		观察检查
	6	轴线位移			≤10	mm	用钢尺检查
	7	垂直度(每层)	≤3m		≤5	mm	用托线板、吊线和尺或其他测量仪器检查
			>3m		≤10		
	8	砂浆饱满度	空心砖砌体	水平	≥80	%	用百格网检查砖底面与砂浆的粘结痕迹面积。每处检测3块砖,取其平均值
				垂直	填满砂浆,不得有透明缝、瞎缝、假缝		
			蒸压加气混凝土砌块、轻骨料混凝土空心砌块	水平	≥80	%	
				垂直	≥80	%	
	9	表面平整度			≤8	mm	用2m靠尺和楔形塞尺检查
	10	门窗洞口高度、宽度偏差			±10	mm	用钢尺检查
	11	外墙上、下窗口偏移			≤20	mm	用经纬仪或吊线检查

（5）配筋砌体工程质量标准和检验方法（见表2-13）。

表2-13　　　　　　　配筋砌体工程质量标准和检验方法

类别	序号	检查项目	质量标准	单位	检验方法及器具
主控项目	1	钢筋的品种、规格、数量和质量	钢筋安装时,受力钢筋的品种、级别、规格和数量必须符合设计要求		检查钢筋的合格证书、钢筋性能试验报告、隐蔽工程记录
	2	混凝土的强度等级	构造柱、芯柱、组合砌体构件、配筋砌体剪力墙构件的混凝土的强度等级应符合设计要求和现行有关标准的规定		检查混凝土试块试验报告

类别	序号	检查项目		质量标准	单位	检验方法及器具
主控项目	3	块材强度		砖和砂浆的强度等级必须符合设计要求		检查质量检验报告和试验报告
	4	砂浆品种、强度等级和外加剂		砖和砂浆的强度等级必须符合设计要求。凡在砂浆中掺入有机塑化剂、早强剂、缓凝剂、防冻剂等,均应经检验和试配符合要求后,方可使用,有机塑化剂应有砌体强度的型式检验报告		检查砂浆试块试验报告
	5	马牙槎及拉结钢筋		马牙槎应先退后进,预留的拉结钢筋应位置正确,施工中不得任意弯折		观察检查
	6	芯柱		对配筋混凝土小型空心砌块砌体,芯柱混凝土应在装配式楼盖处贯通,不得削弱芯柱截面尺寸		观察检查
	7	柱中心线位移		≤10	mm	用经纬仪、吊线和钢尺或其他测最仪器检查
	8	柱食间错位		≤8	mm	用经纬仪、吊线和钢尺或其他测最仪器检查
	9	柱垂直度	每层	≤10	mm	用2m托线板检查
			全高 ≤10m	≤15	mm	用经纬仪、吊线和钢尺或其他测最仪器检查
			全高 >10m	≤20	mm	
一般项目	1	水平灰缝内钢筋		设置在砌体水平灰缝内的钢筋,应居中置于灰缝中。水平灰缝厚度应大于钢筋直径4mm以上。砌体外露面砂浆保护层的厚度不应小于15mm		观察检查,辅以用钢尺检测
	2	砌体灰缝内的钢筋防腐		设置在潮湿环境或有化学侵蚀性介质环境中的砌体灰缝内的钢筋应采取防腐措施		观察检查
	3	网状配筋及位置		应符合设计要求		检查钢筋网成品,钢筋网放置间距局部剔缝观察,或用探针刺入灰缝内检查,或用钢筋位置测定仪测定
	4	组合砌体及拉结筋		组合砖砌体构件,竖向受力钢筋保护层应符合设计要求,距砖砌体表面距离不应小于5mm;拉结筋两端应设弯钩,拉结筋及箍筋的位置应正确		支模前观察与用钢尺检查
	5	砌块砌体钢筋搭接		配筋砌块砌体剪力墙中,采用搭接头的受力钢筋搭接长度不应小于35倍钢筋直径,且不应少于300mm		用钢尺检查

2.4.7.4 引用标准

(1) GB 50203—2019《砌体结构工程施工质量验收规范》。

(2) GB 50924—2014《砌体结构工程施工规范》。

2.4.8 墙面抹灰

2.4.8.1 施工质量要点

(1) 墙体抹灰用的水泥应为硅酸盐水泥或普通硅酸盐水泥,其强度等级不小于32.5;抹灰用的砂子应为中砂;抹灰用的石膏熟化期不少于15d,罩面用的磨细石灰粉熟化期不少于 3d。

（2）内、外墙不同材料基体交接处应在抹灰前采取防止开裂措施：墙体与梁、柱接合处和门窗洞边框应挂宽度不小于 300mm 的防裂网，防裂网采用耐碱玻璃纤维网格布或钢丝网；墙体较大的洞、槽在回填混凝土后，表面沿缝长粘贴耐碱玻璃纤维网格布或钉挂钢丝网，网宽大于槽（洞）宽，且每边加宽 200mm。墙面面层抹灰防开裂施工效果图如图 2-81 所示。

图 2-81 墙面面层抹灰防开裂施工效果图

（3）外墙面层抹灰或贴面砖时，应按设计要求留分格缝，缝的宽度和深度应均匀一致，不得有错缝、缺棱、掉角的现象。

（4）内墙、柱面及门洞的阳角应采用 1:2 水泥砂浆护角，其高度不低于 2m，每侧宽度不小于 50mm。

（5）抹灰前将基层上的尘土、污垢清扫干净，封堵脚手眼，若混凝土墙面表面很光滑，应对其表面进行"毛化"处理，按照设计要求安装防裂网。

（6）抹灰前一天，用软管或胶皮管顺墙自上而下浇水湿润，每天宜浇 2 次。

（7）抹灰前，须在墙的门、窗阳角、墙垛、墙面等处通过吊垂直、套方，进行抹护角，再做贴灰饼和冲筋等措施，最后以冲筋的平整度来确定抹灰层的垂直与平整。做贴饼操作时，先抹上贴饼，再抹下贴饼，要选择好上、下贴饼的正确位置，灰饼宜用 1:3 水泥砂浆做成 50mm 见方形状。当贴饼达到受力强度时，即开始靠尺冲筋，冲筋的靠尺长度必须大于两饼的距离。抹灰施工中的护角部位（阳角）的砂浆标号要提高；为防止受到运动物体的碰扰而破损,一般采用1:2的纯水泥砂浆;护角的两边宽度一般不小于250mm。外墙面层抹灰施工示意图如图2-82所示。

图2-82 外墙面层抹灰施工示意图

(8)当抹灰层厚度大于25mm时,须先薄薄地刮一层底灰,在底灰干透才能接着抹,抹灰层厚度每次控制在7~9mm。当发现抹灰层厚度超过35mm时,必须采取挂网处理措施。

(9)室内砖墙抹灰层的平均总厚度,不得大于以下规定:普通抹灰平均总厚度18mm,高级抹灰平均总厚度25mm。内墙墙面抹灰施工示意图如图2-83所示。

图2-83 内墙墙面抹灰施工示意图

（10）当底子灰六七成干时，即可开始抹罩面灰（如底灰过干应浇水湿润）并用杠横竖刮平，木抹子搓毛，铁抹子溜光、压实。

（11）干燥季节施工，在抹灰 24h 后进行喷水养护，防止因砂浆收缩过快造成空鼓开裂，养护时间不少于 7d；冬季施工要有保温措施。

（12）滴水线（槽）应整齐顺直，滴水线应内高外低，滴水槽的宽度和深度均不应小于 10mm。

（13）一般墙面抹灰到接近地面时，必须做墙裙（外墙用）和踢脚线（内墙用）收口；踢脚线、墙裙面比墙抹灰面凸出 10～15mm；墙裙的高度一般为 50mm。

（14）洞口部位修整：抹面层砂浆完成前，应对预留洞口、电气箱、槽、盒等边缘进行修补，将洞口周边修理整齐、光滑，残余砂浆清理干净。

2.4.8.2 质量验收标准

（1）一般抹灰工程质量标准和检验方法（见表 2-14）。

表 2-14　　　　　　　　　　抹灰工程质量标准和检验方法

类别	序号	检查项目		质量标准	单位	检验方法及器具
主控项目	1	层粘结及面层质量*		抹灰层与基层及各抹灰层之间必须粘结牢固，抹灰层应无脱层、空鼓、面层应无爆灰和裂缝		观察、小锤轻击检查、检查施工记录外墙和顶棚抹灰应进行拉伸粘结强度实体检测，检查拉伸试验报告
	2	砂浆品种、强度等级		砂浆的强度等级必须符合设计要求		检查检测报告
	3	基层表面		抹灰前基层表面的尘土、污垢、油渍等应清除干净，并应洒水湿润		检查施工记录
	4	材料品种和性能		抹灰所用材料的品种和性能应符合设计要求。水泥的凝结时间和安定性复验应合格。砂浆的配合比应符合设计要求，设计有强度要求时应留置砂浆试块。外墙有防水要求的砂浆应符合 JGJ/T 235—2011《建筑外墙防水工程技术规程》的规定		检查产品合格证书、进场验收记录、复验报告和施工记录
	5	操作要求		抹灰工程应分层进行，严禁一遍成活。当抹灰总厚度不小于 35mm 时，应采取加强措施，施工时每层厚度宜控制在 6～8mm。不同材料基体交接处表面的抹灰，应采取防止开裂的加强措施；当采用加强网时，加强网与各基体的搭接宽度不应小于 100mm		检查隐蔽工程验收记录和施工记录
	6	护角和门窗框与墙体间缝隙的填塞质量		护角材料、高度符合现行施工标准的规定；门窗框与墙体间缝隙应填塞密实		观察、用小锤轻击和用钢尺检查
一般项目	1	表质面量	普通抹灰	表面应光滑、洁净、接槎平整，分格缝应清晰		观察、手摸检查
			高级抹灰	表面应光滑、洁净，验收均匀、无抹纹，分格缝和灰线应清晰、美观		
	2	细部质量		护角、孔洞、槽、盒围的抹灰表面应整齐、光滑；管道后面的抹灰表面应平整		观察检查

类别	序号	检查项目		质量标准	单位	检验方法及器具
一般项目	3	层与层之间材料要求、层总厚度		抹灰层的总厚度应符合设计要求；水泥砂浆不得抹在石灰砂浆层上；罩面石膏灰不得抹在水泥砂浆层上		检查施工记录
	4	分格缝的质量		抹灰分格缝的设置应符合设计要求，宽度和深度应均匀，表面应光滑，棱角应整齐。外粉刷必须设置分格缝		观察和用钢尺检查
	5	滴水线（槽）		滴水线（槽）应整齐顺直，滴水线应内高外低，滴水槽宽度和深度均不应小于10mm		观察和用钢尺检查
	6	立面垂直度	高级抹灰	≤3	mm	用垂直检测尺检查
			普通抹灰	≤4		
	7	表面平直度**	高级抹灰	≤3	mm	用靠尺和塞尺检查
			普通抹灰	≤4		
	8	阴阳角方正***	高级抹灰	≤2	mm	用直角检测尺检查
			普通抹灰	≤4		
	9	分格条（缝）直线度	高级抹灰	≤3	mm	用拉线和钢直尺检查
			普通抹灰	≤4		
	10	墙裙、勒脚上扣直线度	高级抹灰	≤3	mm	用拉线和钢直尺检查
			普通抹灰	≤4		

*   对外墙和顶棚的抹灰层质量进行检验时，该项为强制性条文。

** 顶棚抹灰时，表面平整度可不检查，但应平顺。

*** 普通抹灰时，阴角方正可不检查。

（2）抹灰立面垂直度允许最大偏差 4mm，表面平整度允许最大偏差 4mm。

（3）抹灰表面应光滑、洁净、接槎平整，分格缝清晰。

（4）检查施工资料：施工记录、隐蔽工程验收记录、产品的合格证、进场验收记录、复验报告。

（5）抹灰前，基层表面的尘土、污垢、油渍等应清除干净，并应洒水润湿。

（6）一般抹灰所用材料的品种和性能应符合设计要求，水泥的凝结时间和安定性复验应合格。砂浆的配合比应符合设计要求。

（7）抹灰工程应分层进行，当抹灰总厚度不小于 35mm 时，应采取加强措施。不同材料基体交接处表面的抹灰，应采取防止开裂的加强措施。当采用加强网时，加强网与各基体的搭接宽度不应小于 100mm。

（8）抹灰层与基层之间及各抹灰层之间必须粘结牢固，抹灰层应无脱层、空鼓，面层应无爆灰和裂缝。

2.4.8.3 引用标准

（1）GB 50210—2019《建筑装饰装修工程质量验收标准》。

（2）GB 50300—2013《建筑工程施工质量验收统一标准》。

2.4.9 门窗安装

2.4.9.1 施工质量要点

（1）门窗安装应该牢固并应开关灵活、关闭严密，无倒翘，外门应加装闭门器。保证框口上下、左右尺寸相同。门窗表面应整洁、平整、光滑、色泽一致，无划痕、碰伤。门、窗安装效果图如图2-84所示。

(a)   (b)

图2-84 门、窗安装效果图

（a）门；（b）窗

（2）根据设计图纸中门窗的安装位置、尺寸和标高，依据门窗中线向两边量出门窗边线。门窗的水平位置应以室内50cm的水平线为准向上反量出窗下皮标高，弹线找直。每一层必须保持窗下皮标高一致。

（3）门窗框与墙体间缝隙按设计要求处理。铝合金窗可采用弹性保温材料或玻璃棉毡条分层填塞缝隙，外表面留5～8mm深槽口填嵌油膏或密封胶；钢门用1:2较硬的水泥砂浆或C20细石混凝土嵌缝牢固。

（4）安装玻璃时，使玻璃在框口内准确就位，玻璃安装在凹槽内，内外侧间隙应相等。

2.4.9.2 质量验收标准

（1）检查门窗扇是否开关灵活、关闭严密。推拉门窗必须要有防脱落措施，扇与框之间搭设应符合设计要求。

（2）检查门窗表面是否洁净、平整、光滑，大面是否无划痕、碰伤。

（3）门窗验收时应检查下列文件和记录：

1）门窗的施工图、设计说明及其他设计文件；

2）根据工程需要提供门窗的抗风压性能、水密性能及气密性能、保温性能、遮阳性能、采光性能、可见光透射比等检验报告，或抗风压性能、水密性能检验以及建筑门窗节能性能标识证书等；

3）型材、玻璃、密封材料及五金件等材料的产品质量合格证书、性能检测报告和进场验收记录；

4）门窗框与洞口墙体连接固定、防腐、缝隙填塞及密封处理、防雷连接等隐蔽工程验收记录；

5）门窗产品合格证书；

6）门窗安装施工自检记录。

（4）门窗框与墙体之间的安装缝隙应填塞饱满，填塞材料和方法应符合设计要求，密封胶表面应光滑、顺直、无断裂。

（5）密封胶条和密封毛条装配应完好、平整，不得脱出槽口外，交角处平顺、可靠。

（6）门窗排水口应通畅，其尺寸、位置和数量应符合设计要求。

（7）门窗安装工程质量标准和检验方法（见表2-15）。

表2-15　　　　　　　　门窗安装工程质量标准和检验方法

类别	序号	检查项目	质量标准	单位	检验方法及器具
主控项目	1	框、扇安装	门窗框、副框和扇的安装必须牢固。固定片或膨胀螺栓的数量与位置应正确，连接方式应符合设计要求。固定点应距窗角、中横框、中竖框150～200mm，固定点间距应不大于600mm		观察、手扳检查、检查隐蔽工程验收记录
	2	门窗扇安装	门窗扇应开关灵活、关闭严密，无倒翘。推拉门窗扇必须有防脱落措施，扇与框的搭接应符合设计要求		观察、开启和关闭检查、手扳检查
	3	门窗质量	门窗的品种、类型、规格、尺寸、开启方向、安装位置、连接方式及填嵌密封处理应符合设计要求，内衬增强型钢的壁厚及设置应符合国家现行产品标准的质质要求		观察和用钢尺检查，检查产品合格证书、性能检测报告、进场验收记录和复验报告、隐蔽工程验收记录
	4	拼樘料与框连接	门窗拼樘料内衬增加型钢的规格、壁厚必须符合设计要求，型钢与型材内腔紧密吻合，其两端必须与洞口固定牢固。窗框必须与拼樘料连接紧密，固定点间距应不大于600mm		观察、手扳和用钢尺检查、检查进场验收记录
	5	配件质量及安装	门窗配件的型号、规格、数量应符合设计要求，安装应牢固，位置应正确，功能应满足使用要求		观察、手扳和用钢尺检查
	6	门窗框与墙体之间缝隙的填嵌	门窗框与墙体间缝隙应采用闭孔弹性材料填嵌饱满，表面应采用密封胶密封。密封胶应粘结牢固，表面应光滑、顺直、无裂纹		观察、轻敲门窗框检查、检查隐蔽工程验收记录

类别	序号	检查项目		质量标准	单位	检验方法及器具
一般项目	1	表面质量		门窗表面应洁净、平整、光滑，大面应无划痕、碰伤		观察检查
	2	密封条及旋转窗间隙		门窗扇的密封条不得脱槽；旋转窗间隙应基本均匀		观察检查
	3	门窗扇开关力		平开门窗扇平铰链的开关力应不大于80N；滑撑铰链的开关力应不大于80N，并不小于30N。推拉门窗扇的开关力应不大于100N		观察和用弹簧秤检查
	4	玻璃密封条与玻璃槽口的接缝		应平整，不得卷边、脱槽		观察检查
	5	排水孔		排水孔应畅通，位置和数量应符合设计要求		观察检查
	6	门窗梢宽度、高度偏差	≤1500mm	2	mm	钢尺检查
			>1500mm	3		
	7	门窗槽口对角线长度差	≤2000mm	≤3	mm	用钢尺检查
			>2000mm	≤5		
	8	门窗框的正、侧面垂直度		≤3	mm	用1m垂直尺检查
	9	门窗横框的水平度		≤3	mm	用1m水平尺和塞尺检查
	10	门窗横框标高偏差		≤5	mm	用钢尺检查
	11	门窗竖向偏离中心		≤5	mm	用钢尺检查
	12	门质量和性能		应符合设计要求和有关标准的规定		检查生产许可证、产品合格证书和性能检测报告
	13	门品种、类型、规格、防腐处理		应符合设计要求和有关标准的规定		观察、用钢尺检查、检查进场验收记录和隐蔽工程验收记录
	14	门安装及预埋件		特种门安装必须牢固。预埋件的数量、位置、埋设方式、与框的连接方式必须符合设计要求		观察、手扳检查、检查隐蔽工程验收记录
	15	门配件、安装及功能		特种门的配件应齐全，位置应正确，安装应牢固，功能应满足使用要求和特种门的各项性能要求		观察、手扳检查、检查产品合格证书、性能检测报告和进场验收记录
	16	防火门	开启方式	宜为平开门，开启方向必须为疏散方向，不宜装锁和插销		观察检查
			门的开启与关闭	必须启闭灵活（在不大于80N的推力作用下即可打开），并具有自行关闭的功能		观察检查，采用数字显示式电子测力计或其他测力计测定开启力
			密封槽	框与扇搭接处宜留密封槽，且嵌填由不燃性材料制成的密封条		观察检查
			门槽口对角线长度差 1级	≤2	mm	用钢尺检查
			门槽口对角线长度差 11级	≤3		
			门框的正、侧面垂直度	≤3	mm	用1m垂直尺检查
			框与扇接触面平整度	≤2	mm	用垂直尺和塞尺检查

类别	序号	检查项目		质量标准	单位	检验方法及器具
一般项目	16	防火门	扇与框间立缝、门扇对口留缝宽度	1.5～2.5	mm	用塞尺检查
			扇与上框间留缝宽度	1～1.5	mm	用塞尺检查
			外门与地面间面留缝宽度	4～5	mm	用塞尺检查

2.4.9.3 引用标准

（1）GB 50210—2018《建筑装饰装修工程质量验收标准》。

（2）GB 50300—2013《建筑工程施工质量验收统一标准》。

2.4.10 屋面防水工程

2.4.10.1 施工要点

1. 屋面保温隔热层

（1）基层清理：现浇混凝土的基层表面，应将尘土、杂物等清理干净。

（2）穿过屋面和墙面等结构层的管根部位，应用细石混凝土（内掺 3%微膨胀剂）填塞密实，将管根固定。

（3）松散、板状保温材料的运输、存放应注意防潮，防止损伤和污染，雨天作业要防止水漫或雨淋。

（4）铺设隔气层：应按设计要求或规范规定铺好隔气层。

（5）铺设板块保温层：

1）干铺加气混凝土板或聚苯板块等保温材料，应先将接触面清扫干净，板块应铺平垫稳；分层铺设的板块，其上下两层的接缝应错开 1/2；各层板间的缝隙，应用同类材料的碎肩嵌填密实，表面应与相邻两板的高度一致。保温隔热层铺设效果图如图 2-85 所示。

先将接触面清扫干净，板块应铺平垫稳；分层铺设的板块，其上下两层的接缝应错开 1/2；各层板间的缝隙，应用同类材料的碎肩嵌填密实

图 2-85 保温隔热层铺设效果图

2）粘贴的板状保温材料应采用专用粘接剂贴严、粘牢。

（6）用水泥砂浆作保护层时，表面应抹平压光，并应设表面分格缝且分格缝面积不大于 1m²。用块体材料作保护层时，应留分格缝，其纵横间距不大于 10m，缝宽为 20mm。

2．屋面找平层

（1）找平层施工前，将保温层表面的松散杂物清扫干净。找平层厚度为 15～20mm，要设置分隔缝，分隔缝宽度一般为 12～15mm，分隔缝最大间距不宜大于 6m。在抹找平层的同时，凡基层与突出屋面结构的连接处、转角处，均应做成半径为 30～150mm 的圆弧或斜长为 100mm 的钝角。立面抹灰高度应符合设计要求但不得小于 250mm，卷材收头的凹槽内抹灰应呈 45°。排水口周围应做成半径为 500mm 和坡度不小于 5%的环形洼坑。屋面找平层施工效果图如图 2-86 所示。

图 2-86　屋面找平层施工效果图

（2）保温层施工完成后，应及时抹水泥砂浆找平层，坡度应符合设计要求，局部不应有洼坑。如保温层含水率过高，应待水分充分挥发后再施工找平层。屋面水泥砂浆保护层施工示意图如图 2-87 所示。

图 2-87　屋面水泥砂浆保护层施工示意图

3. 屋面防水层

（1）屋面工程的防水层应由经资质审查合格的防水专业单位进行施工。

（2）屋面防水等级及层数依据设计要求选定，防水材料宜采用高聚物改性沥青防水卷材或涂膜等，至少有一层卷材，防水卷材及防水涂膜的厚度均不小于 3mm。

（3）涂刷基层处理剂：按产品说明书配套使用基层处理剂，搅拌均匀，用长把滚刷均匀涂刷于基层表面上，常温经过 4h 后，开始铺贴卷材。

（4）铺贴附加层：在女儿墙、水落口、管根、檐口、阴阳角等细部先做附加层，附加的范围应符合设计和屋面工程技术规范的规定。

（5）铺贴卷材：卷材的材质、厚度和层数应符合设计要求。泛水高度必须不小于250mm。铺贴卷材应采用与卷材配套的粘接剂。

（6）水落口周围 500mm 范围内坡度不应小于 5%，并应用防水涂料涂封，其厚度不小于 2mm，水落口与基层接触处应留宽 20mm、深 20mm 的凹槽，嵌填密封材料。檐沟、水落口等部位，采用现浇混凝土或砖砌堵头。

（7）卷材防水屋面基层与凸出屋面结构（女儿墙、立墙、变形缝、屋顶设备基础、风道、透气孔等）的交接处和基层的转角处（水落口、檐口、天沟、檐沟、屋脊等），防水层应做成圆弧形，圆弧半径不得小于 100mm。

（8）热熔封边：将卷材搭接处用喷枪加热，趁热使二者粘结牢固，以边缘挤出沥青为度；末端收头用密封槽应嵌填严密。

（9）检查屋面有无渗漏，建筑物持续淋水 2h 或蓄水试验，蓄水深度应高出屋面最高点 2cm，蓄水时间不少于 24h，如有渗漏及时处理。蓄水试验示意图如图 2-88 所示。

图 2-88　蓄水试验示意图

2.4.10.2 质量验收标准

（1）材料质量证明文件：出厂合格证、检验报告、进场验收记录和验收报告，隐蔽工程验收记录、淋水或蓄水试验记录。

（2）卷材防水层及其变形缝、檐口、泛水、水落口、预埋件等处的细部做法，必须符合设计要求和屋面工程规范的规定。

（3）铺贴卷材防水层的基层，泛水坡度应符合设计要求，表面无起砂、空裂，且平整洁净，无积水现象，阴阳角处应呈圆弧或钝角。

（4）卷材防水层铺贴、搭接、收头应符合设计要求和屋面工程技术规范的规定，且粘结牢固，无空鼓、滑移、翘边、起泡、皱褶、损伤等缺陷。

（5）卷材防水层的保护层应结合紧密、牢固，厚度均匀一致。

（6）该项工程应按 GB 50300—2013《建筑工程施工质量验收统一标准》的规定实施。

（7）屋面找平层质量标准和检验方法（见表 2–16）。

表 2–16　　　　　　　屋面找平层质量标准和检验方法

类别	序号	检查项目	质量标准	单位	检验方法及器具
主控项目	1	屋面排水坡度	屋面（含天沟、檐沟）找平层的排水坡度必须符合设计要求		用水平仪（水平尺）、拉线和钢尺检查
	2	材料质量及配合比	应符合设计要求		检查出厂合格证、质量检测报告和计量措施
一般项目	1	基层与突出屋面结构的交接处和基层的转角处	卷材防水屋面基层与凸出屋面结构（女儿墙、立墙、天窗壁、变形缝、烟囱等）的交接处，以及基层的转角处（水落口、檐口、天沟、檐沟、屋脊等）均应做成圆弧。内部排水的水落口周围应做成略低的凹坑		观察和用钢尺检查
	2	水泥砂浆、细石混凝土找平层	应平整、压光，不得有酥松、起砂、起皮现象；沥青砂浆找平层不得有拌和不匀、蜂窝现象		观察检查
	3	分格缝位置和间距	应符合设计要求		观察和用钢尺检查
	4	表面平整度	≤5	mm	用 2m 靠尺和楔形塞尺检查

（8）屋面保温层质量标准和检验方法（见表 2–17）。

表 2–17　　　　　　　屋面保温层质量标准和检验方法

类别	序号	检查项目	质量标准	单位	检验方法及器具
主控项目	1	保温材料	屋面工程所采用的防水、保温隔热材料应有产品合格证书和性能检查报告，材料的品种、规格、性能等应符合现行国家产品标准和设计要求		检查出厂合格证、质量检验报告和现场抽样复验报告
	2	保温层含水量	必须符合设计要求		检查现场抽样检验报告

类别	序号	检查项目		质量标准	单位	检验方法及器具
一般项目	1	保温层的铺设	松散保温材料	分层铺设，压实适当，表面平整，找坡正确		观察检查
			板状保温材料	津贴（靠）基层，铺平、垫稳，拼缝严密，找坡正确		
			整体现浇保温层	拌和均匀，分层铺设，压实适当，表面平整，找坡正确		
	2	倒置式屋面保护层		采用卵石铺压时，卵石应分布均匀，卵石的质（重）量应符合设计要求		观察检查和按堆积密度计算其质量
	3	排气孔道的留设		排气道应纵横贯通，不得堵塞。排气管应安装牢靠、位置正确、封闭严密		观察检查
	4	保温层厚度偏差	松散保温材料	−5%～+10%		倒针插入和用钢尺检查
			板状保温材料	−5%～+10%		
			整体现浇保温层	±5%，且≤4mm		
	5	整体保温层表面平整度	无找平层	≤5	mm	用靠尺和楔形塞尺检查
			有找平层	≤7		

（9）屋面卷材防水层质量标准和检验方法（见表 2-18）。

表 2-18　　　　　　　　　　屋面卷材防水层质量标准和检验方法

类别	序号	检查项目	质量标准	单位	检验方法及器具
主控项目	1	卷材及其配套材料质量	屋面工程所采用的防水、保温隔热材料应有产品合格证书和性能检查报告，材料的品种、规格、性能等应符合现行国家产品标准和设计要求		检查出厂合格证、质量检验报告和现场抽样复验报告
	2	防水层性能	卷材防水层不得有渗漏或积水现象		雨后淋水、蓄水检查
	3	防水细部构造	天沟、檐沟、檐口、水落口、泛水、变形缝和伸出屋面管道的防水构造必须符合设计要求		观察检查和检查隐蔽工程验收记录
一般项目	1	卷材搭接缝与收头质量	搭接缝应粘（焊）结牢固，密封严密，不得有皱褶、翘边和鼓泡等缺陷；收头应与基层粘结并固定牢靠，缝口封严，不得翘边		观察检查
	2	排气孔道的留设	排气道应纵横贯通，不得堵塞。排气管应安装牢固、位置正确、封闭严密		观察检查
	3	保护层	卷材防水层上的撒布材料和浅色涂料保护层应铺撒或涂刷均匀、粘结牢固；水泥砂浆、块材或细石混凝土保护层与涂膜防水层间应设置隔离层；刚性保护层的分格缝留置应符合设计要求。需经常维护的设施周围和屋面出入口至设施之间的人行道应铺设刚性保护层		根据不同性质的保护层分别用观察、手拔、钢尺或小锤轻击检查
	4	卷材铺贴方向	铺贴方向正确，铺贴应符合现行有关标准的规定		观察检查
	5	卷材搭接宽度偏差	≥−10	mm	用钢尺检查

2.4.10.3　引用标准

（1）GB 50345—2012《屋面工程技术规范》。

（2）GB 50693—2011《坡屋面工程技术规范》。

2.4.11　墙面保温工程

2.4.11.1　施工质量要点

（1）粘贴保温板时，应自上而下水平铺设。竖向不应有通缝，错缝宽度不宜小于100mm。

（2）粘贴板面尺寸，宽度一般为500mm，长度不应大于750mm。

（3）保温板对缝应紧密，最大缝隙不超过 3mm，垂直偏差不应大于 3mm，板面平整度偏差不应大于3mm。

（4）聚合物胶泥铺盖面积不应小于 30%，且应点状均匀布胶，聚合物胶泥压实后的厚度控制在 2～5mm，以保证粘结牢固。

（5）保温板与墙面粘贴时，聚合物胶泥应与墙面同时接触，使聚合物胶泥与墙面粘贴紧密、均匀，并与粘贴完的保温板齐平，拼缝紧密，如遇一面粘贴不平时，应立即取下重贴。

（6）在外墙阳角和门窗洞口阳角两侧粘贴保温板必须相互粘结严密，边缘应满铺粘结胶泥。

（7）在门窗洞口四角用整板切割后粘贴，保证保温板与门窗四角交接处无板缝。在窗口处，保温板应切割"L"形。

（8）安装锚固件：

1）待外墙保温板粘贴后 24h 以上，即可安装锚固件；锚栓的有效锚固深度，混凝土不小于20mm，空心砌块不小于50mm。

2）安装后的锚固件应与外墙保温板相平。任何面积大于 0.1m^2 的单块保温板必须加固定件，数量视形状及现场情况而定。

（9）保护层施工：

1）做保护层的施工必须在保温层施工完毕，待粘贴胶泥强度达到 60% 后方可进行。

2）保护层的一般做法是根据玻璃纤维布的厚度可做成"一布二胶"（一层加强网，二层聚合物胶泥）或"二布三胶"（一层加强网，二层标准网，三层聚合物胶泥 ）。做保护层前应清洁保温板板面灰尘及附着物，对不平整的保温板板缝进行铲平，然后在保温板板面抹第一层粘贴聚合物胶泥，应按先上后下、先左后右顺序施抹，施抹宽度为 1.5 倍玻璃纤维布的幅宽，将玻璃纤维布展开拉紧经纬向后，用抹子将网布压入粘贴聚合物胶泥层，随之抹外层粘贴聚合物胶泥。"一布二胶"厚度为 3～4mm，"二布三胶"厚度为 5～6mm，面涂胶泥厚度为2mm。聚合物胶泥保护层施工效果图如图 2-89 所示。

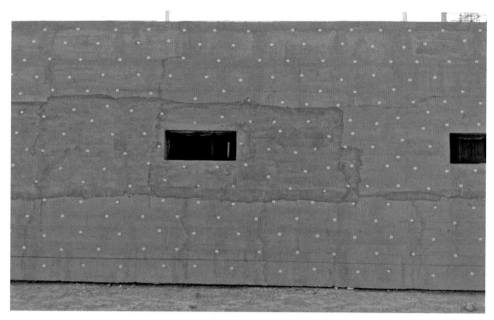

图2-89 聚合物胶泥保护层施工效果图

3）在外墙阳角两侧 100mm 范围内应做加强网布。

（10）门窗洞口处粘贴玻璃纤维网施工：

1）在门窗洞口处粘贴玻璃纤维网布应卷入门窗口四周，并贴至门窗框为止。

2）在粘贴玻璃纤维网布时，严禁出现纤维松弛不紧，纤维错位、倾斜，网布外鼓，褶皱等现象。网布搭接长度，水平方向不得小于70mm，垂直方向不得小于 50mm。

3）最外层聚合物胶泥抹完之后，严禁出现玻璃纤维外露，不得有明显的玻璃纤维网布显影以及砂眼、抹纹、接茬等痕迹，表面应平整。

（11）保护层护养：

1）做保护层时，任何部位严禁使用干水泥。

2）保护层施工时，严禁阳光暴晒，保护层终凝前严禁水冲。

3）保护层终凝后应及时喷水连续养护48～72h，在养护期间严禁撞击和振动。

2.4.11.2 质量验收标准

（1）聚合物胶泥配合比必须准确，点状布胶面积应均匀，聚合物胶泥厚度应符合要求，粘结强度应大于0.1MPa。

（2）保温层与基体或基层的粘贴，不应有空粘现象。保温板对缝应紧密，缝隙垂直度、平整度应符合规范要求。

（3）保护层的玻璃纤维网布，经纬向纤维不应倾斜，严禁网布外鼓，褶皱、搭接长度应符合要求。不应出现明显的外露、显影、砂眼、接茬等痕迹。

（4）表面平整度偏差：不大于3mm。

（5）阴、阳角垂直度偏差：不大于3mm。

（6）阴、阳角方正度偏差：不大于 3mm。

（7）立面垂直偏差：不大于 4mm。

（8）分格条平直度偏差：不大于 4mm。

2.4.11.3 引用标准
（1）JGJ 144—2019《外墙外保温工程技术标准》。

（2）GB 50411—2019《建筑节能工程施工质量验收标准》。

（3）GB 50016—2019《建筑设计防火规范》。

（4）GB 50300—2013《建筑工程施工质量验收统一标准》。

2.4.12 墙面面砖施工

2.4.12.1 施工质量要点
（1）水平及垂直控制线、标志点：根据设计大样画出皮数杆，对窗心墙、墙垛处事先测好中心线、水平分格线、阴阳角垂直线，然后镶贴标志点。标志点间距为 1.5m×1.5m 或 2m×3m 为宜，面砖铺贴到此处时再敲掉。

（2）墙面砖表面应平整、洁净、色泽一致，无裂痕、空鼓；铺贴前应预先排版，计算好模数，避免出现小于 1/2 砖；墙面突出物周围的饰面砖应整砖套割吻合，边缘应整齐；墙面砖的接缝应平直、光滑，填嵌应连续、密实。阳角处墙面砖接缝按"海棠角"铺贴。

（3）墙面砖施工抹灰前，墙面必须清扫干净、浇水湿润。抹灰时，大墙面和四角、门窗口边弹线找规矩，必须由顶层到底一次进行，弹出垂直线，并决定面砖出墙尺寸，分成设点、做灰饼（间距为 1.6m）。横线为水平基线交圈控制，竖向线以四周大角和通天垛、柱子为基准线控制。同时要注意找好突出檐口、腰线、窗台、雨篷等饰面的流水坡度。待灰层六七成干时，即可按图纸要求进行分段分格弹线。根据大样图及墙面尺寸进行横竖向排砖，以保证面砖缝隙均匀，符合设计图纸要求。面砖接缝的宽度不应小于 5mm，不得采用密缝。粘贴应自上而下进行。在面砖背面宜采用水泥:白石膏:砂＝1:0.2:2 的混合砂浆粘贴，砂浆厚度为 6～10mm。外墙饰面砖施工示意图如图 2－90 所示。

（4）外墙面砖铺贴拉缝时，用 1:1 水泥砂浆勾缝或采用勾缝胶，勾缝宽度控制在 8mm 左右，且不小于 5mm。先勾水平缝再勾竖缝，勾好后要求凹进砖外表面 2～3mm。面砖勾缝完成后，用布或棉丝浸稀盐酸擦洗干净。

2.4.12.2 质量验收标准
（1）检查饰面板（砖）的现场拉拔强度试验及粘结强度试验。

（2）饰面砖粘贴工程质量标准和检验方法（见表 2－19）。

图 2-90 外墙饰面砖施工示意图

表 2-19 饰面砖粘贴工程质量标准和检验方法

类别	序号	检查项目		质量标准	单位	检验方法及器具
主控项目	1	饰面砖粘贴		饰面砖粘贴必须牢靠		检查样板件粘结强度检测报告和施工记录
	2	饰面砖的品种、规格、图案颜色和性能		应符合设计要求及现行有关标准的规定		观察、检查产品合格证书、进场验收记录、性能检测报告和复验记录
	3	粘贴材料及施工方法		饰面砖粘贴工程的找平、防水、粘结和勾缝材料及施工方法应符合设计要求及国家现行产品标准和工程技术标准的规定		检查产品合格证书、复验报告和隐蔽工程验收记录
	4	满粘法施工		满粘法施工的饰面砖工程应无空鼓、裂缝		观察和用小锤轻击检查
一般项目	1	表面质量		饰面砖表面平整、洁净、色泽一致		观察检查
	2	阴阳角及非整砖		阴阳角处搭接方式、非整砖使用部位应合设计要求		观察检查
	3	突出物周围砖套割质量		饰面砖应整砖套割吻合，边缘应整齐。墙裙、贴脸突出墙面的厚度应一致		观察和用钢尺检查
	4	饰面砖接缝、填嵌、宽深		接缝应平整、光滑，填嵌应连续、密实；宽度和深度应符合设计要求		观察用钢尺检查
	5	滴水线（槽）		滴水线（槽）应顺直，流水坡向应正确，坡度应符合设计要求		观察用水平尺检查
	6	立面垂直度	外墙面砖	≤3	mm	用垂直尺检查
			内墙面砖	≤2		

类别	序号	检查项目		质量标准	单位	检验方法及器具
一般项目	7	表面平整度	外墙面砖	≤4	mm	用靠尺和塞尺检查
			内墙面砖	≤3		
	8	阴阳角方正	外墙面砖	≤3	mm	用直角检测尺检查
			内墙面砖	≤3		
	9	接缝直线度	外墙面砖	≤3	mm	用拉线和钢直尺检查
			内墙面砖	≤2		
	10	接缝高低差	外墙面砖	≤1	mm	用钢直尺和塞尺检查
			内墙面砖	≤0.5		
	11	接缝宽度偏差	外墙面砖	≤1	mm	用钢直尺检查
			内墙面砖	≤1		

2.4.12.3 引用标准

GB 50210—2018《建筑装饰装修工程质量验收标准》。

2.4.13 支架安装

2.4.13.1 施工质量要点

（1）电缆支架及其固定立柱的机械强度，应能满足电缆及其附加荷载以及施工作业时附加荷载的要求，并留有足够的裕度。电缆支架安装效果图如图2-91所示。

图2-91 电缆支架安装效果图

（2）电缆支架的加工应符合下列要求：

1）电缆支架下料误差应在 5mm 范围内，切口应无卷边、毛刺；各支架的同层横担应在同一水平面上，其高低偏差不应大于 5mm；电缆支架横梁末端 50mm 处应斜向上倾角 10°。

2）电缆支架应焊接牢固，无显著变形。各横撑间的垂直净距与设计偏差不应大于 5mm。

（3）金属电缆支架全长按设计要求进行接地焊接，应保证接地良好。所有支架焊接牢靠，焊口应饱满，无虚焊现象，焊接处防腐应符合要求。

（4）支架立铁的固定可以采用螺栓固定或焊接。

（5）支架、吊架、电缆托架必须用接地扁钢环通，接地扁钢的规格应符合设计要求。

（6）复合材料电缆支架技术性能要求。

1）复合材料电缆支架应满足电缆及附加荷载及施工作业时的附加荷载；

2）支架应平直，无明显扭曲，表面光滑，无尖角和毛刺，当电缆承受横向推力情况下，电缆外护套上不应产生可见的刮磨损伤；

3）复合材料电缆支架应有良好的电气绝缘性能、阻燃性能及耐腐蚀性能。

2.4.13.2 质量验收标准

（1）电缆支架的层间允许最小距离，当设计无规定时，可按现行国家标准规范执行。但层间净距不应小于 2 倍电缆外径加 10mm。

（2）支架应垂直于底板安装，支架与侧墙垂直安装必须牢固。支架主力架密贴墙面不能出现扭曲变形。变形缝两侧 30cm 范围内不能安装支架。

（3）支架接地扁钢应安装到位，扁钢必须与支架横撑三面围焊，焊缝应饱满，扁钢搭接长尺不得少于扁钢宽度的 2 倍。

（4）电缆垂直固定支架间距应满足设计要求，使电缆固定牢固、受力均匀。

（5）焊接牢靠，螺栓连接可靠，防腐处理符合要求，接地符合设计要求，支架安装工艺美观。

2.4.13.3 引用标准

（1）GB 50217—2018《电力工程电缆设计标准》。

（2）DL/T 5221—2016《城市电力电缆线路设计技术规定》。

2.4.14 接地安装

2.4.14.1 施工质量要点

（1）接地极的形式、埋入深度及接地电阻值应符合设计要求。环网接地施工示意图如图 2-92 所示。

主接地网接地极，应结合土质相应设置数量

图 2-92 环网接地施工示意图

（2）电缆支架和电缆附件的支架必须可靠接地，接地电阻不大于 10Ω。

（3）采取降阻措施时，可采用换土填充等物理性降阻剂进行，禁止使用化学类降阻剂。

（4）垂直接地体的敷设：将垂直接地体竖直打入地下。垂直接地体上部应加垫件，防止将端部破坏。

（5）水平接地体的敷设：敷设前应进行必要的校直。要求弯曲敷设时，应采用机械冷弯，避免热弯损坏镀锌层。

（6）垂直接地体与水平接地体的连接必须采用焊接，焊接应可靠，应由专业人员操作。焊接应符合下列规定：

1）扁钢的搭接长度应为其宽度的 2 倍，至少 3 个棱边施满焊。环网接地与接地极连接示意图如图 2-93 所示。

2）扁钢与角钢、扁钢与钢管焊接时，除应在其接触部位两侧进行焊接外，并应焊以由扁钢弯成的弧形（或直角形）卡子或直接由扁钢本身弯曲成弧形（或直角形）与钢管（或角钢）焊接。

（7）接地装置焊接部位及外侧 100mm 范围内应做防腐处理，在做防腐处理前，表面必须去掉残留的焊渣并除锈。

（8）不得采用铝导体作为接地体或接地线。

2.4.14.2 质量验收标准

（1）应按设计要求施工完毕，接地施工质量应符合相关规定。

（2）整个接地网外露部分的连接应可靠，接地线规格应正确，防腐层应完好，标识应齐全明显。

图 2-93　环网接地与接地极连接示意图

（3）接地电阻值及其他测试参数应符合设计规定。

（4）在交接验收时，应提交下列资料和文件：符合实际施工的图纸、设计变更的证明文件；接地器材、降阻材料及新型接地装置检测报告及质量合格证明；安装技术记录，其内容应包括隐蔽工程记录；接地测试记录及报告，其内容应包括接地电阻测试、接地导通测试等。

（5）接地装置安装质量标准和检验方法（见表 2-20）。

表 2-20　　　　　　　　　　接地装置安装质量标准和检验方法

类别	序号	检查项目	质量标准	单位	检验方法及器具
主控项目	1	接地装置的接地电阻值测试	必须符合设计要求		检查测试记录或用适配仪表进行抽测
	2	接地装置测试点设置	人工接地装置或利用建筑物基础钢筋的接地装置，必须在地面以上按设计要求位置设测试点		观察检查
	3	防雷接地的人工接地装置的接地干线埋设	经人行通道处埋地深度不小于 1m，且应采取均压措施或在其上方铺设卵石或沥青地面		观察和用钢尺检查
	4	接地模块埋深、间距和基坑尺寸	接地模块顶面埋深不小于 0.6m，接地模块间距不小于模块长度的 3～5 倍。接地模块埋设基坑，一般为模块外形尺寸的 1.2～1.4 倍，在开挖深度内详细记录地层情况		观察和用钢尺检查
	5	接地模块垂直或水平就位	接地模块应垂直或水平就位，不应倾斜设置，保持与原土层接触良好		观察检查

类别	序号	检查项目	质量标准	单位	检验方法及器具
一般项目	1	接地装置埋深、间距和搭接长度	当设计无要求时，接地装置顶面埋设深度不应小于0.6m。圆钢、角钢及钢管接地极应垂直埋入地下，间距不应小于5m。接地装置的焊接应采用搭接焊，搭接长度应符合下列规定： （1）扁钢与扁钢搭接为扁钢宽度的2倍，至少三面施焊。 （2）圆钢与圆钢搭接为圆钢直径的6倍，双面施焊。 （3）圆钢与扁钢搭接为圆钢直径的6倍，双面施焊。 （4）扁钢与钢管、扁钢与角钢焊接时，紧贴3/4钢管表面，或紧贴角钢外侧两面，上下两侧施焊。 （5）除埋设在混凝土中的焊接接头外，其余接头均应有防腐措施		观察和用钢尺检查
	2	接地装置材质和最小允许规格	符合设计要求；当设计无要求时，接地装置的材料应采用钢材，并经热浸镀锌处理，最小允许规格、尺寸应符合现行标准的规定		观察、用钢尺或对照设计文件检查
	3	接地模块与干线连接和干线的材质选用	接地模块应集中引线，用干线把接地模块并联焊接成一个环路，干线的材质与接地模块焊接点的材质应相同，钢制的采用热浸镀锌扁钢，引出线至少2处		观察检查

2.4.14.3 引用标准

GB 50169—2016《电气装置安装工程　接地装置施工及验收规范》。

2.4.15 型钢安装

2.4.15.1 施工质量要点

（1）受力预埋件的锚板宜采用Q235级钢板。

（2）钢板、型钢表面洁净无老锈及油污。

（3）原材料应有出厂质量证明文件。

（4）预埋件焊接完成后，检查焊缝质量，如不符合要求应进行补焊。

（5）地面上的预埋件钢板尺寸如大于300mm×300mm，应在预埋件钢板上开孔，防止地面上的预埋件中间空鼓。

（6）使用水平仪严格控制整体水平度、平行度、垂直度。

（7）基础型钢顶部宜高出抹平地面10mm。型钢安装如图2-94所示。

2.4.15.2 质量验收标准

（1）型钢基础水平偏差小于1mm/m，全长水平偏差小于2mm。

（2）型钢基础不直度偏差小于1mm/m，全长不直度偏差小于5mm。

（3）型钢基础偏差及不平行度全长小于5mm。

图 2-94　型钢安装

（4）型钢与主接地网连接牢靠，并不少于 2 点连接。

（5）检查基础型钢的不直度、水平度、不平行度。

（6）型钢表面洁净、无锈蚀。

（7）型钢外露面刷防锈漆，边缘整齐、美观。

2.4.15.3　引用标准

GB 50755—2012《钢结构工程施工规范》。

2.4.16　地坪施工

2.4.16.1　施工质量要点

（1）标高引测、弹线：根据高程抄测地面的 +50cm 标高点，并在四周墙、柱面上弹出 +50cm 控制标高线。

（2）对于水泥类基层，其抗压强度不应小于 1.2MPa。将基层上的落地灰、杂物、油污等剔凿、清洗干净，对于光面进行凿毛处理。对于土、灰土、砂石类基层，其压实系数应符合设计要求，基层按标高清平，表面杂物要清理干净。

（3）洒水湿润：施工前一天对基层表面进行洒水湿润并晾干。

（4）混凝土基层应刷素水泥浆结合层，在铺设水泥混凝土面层以前，在已湿润的基层上刷一道水灰比为 0.4～0.5 的素水泥浆，不要刷的面积过大，要随刷随铺水泥混凝土，避免时间过长水泥浆风干导致面层空鼓。

（5）浇筑混凝土面层：面层出现泌水现象时，撒一层 1:1 干拌水泥砂（砂要过 3mm 筛）拌和料，要撒均匀、刮平。水泥混凝土面层应一次浇筑，不得留置施工缝，当面积较大分区、段浇筑时，施工缝应尽可能留置在变形缝处。

（6）抹面层、压光。刮杠刮平后，用力搓打、抹平，终凝后压光。

（7）变形缝的留置：混凝土地面应设置纵、横向缩缝。纵向缩缝间距宜为 3～6m，横向缩缝间距宜为 6～12m。纵向缩缝应做成平头缝或企口缝，平头缝、企口缝之间不得填塞任何材料。横向缩缝应做成假缝，假缝应按规定的间距在混凝土中埋设预制的木条，并在混凝土终凝前取出，亦可在混凝土达到强度后用切割机割缝。假缝的宽度为 5～20mm，缝内应填水泥砂浆。

（8）水泥强度等级不小于 32.5，砂为中粗砂。严禁混用不同品种、不同强度等级的水泥。水泥混凝土采用的粗骨料最大粒径不应大于面层厚度的 2/3，细石混凝土面层采用的石子粒径不应大于 15mm。地坪施工示意图如图 2-95 所示。

图 2-95　地坪施工示意图

2.4.16.2　质量验收标准

（1）检查表面平整度、踢脚板上口平直度、分隔缝平直度。

（2）检查面层与基层是否空鼓、裂缝。

（3）面层和基层应结合牢固，无空鼓、裂缝。

（4）混凝土面层质量标准和检验方法（见表 2-21）。

表 2-21　　　　　　　　　　混凝土面层质量标准和检验方法

类别	序号	检查项目	质量标准	单位	检验方法及器具
主控项目	1	原材料质量	应符合设计要求和现行有关标准的规定		观察检查和检查材质合格证明文件及检测报告
	2	面层的强度等级	应符合设计要求和现行有关标准的规定		检查配合比通知单及检测报告
	3	面层与下一层结合	面层与下一层应结合牢靠，无空鼓、裂纹（空鼓面积小于 400cm², 且每间多于 2 处可不计）		用小锤轻击检查
	4	混凝土配合比设计	应符合设计要求和现行有关标准的规定		检查配合比设计资料
	5	混凝土运输、浇筑及间歇	应符合现行有关标准的规定		观察、检查施工记录

类别	序号	检查项目	质量标准	单位	检验方法及器具
一般项目	1	施工配合比	应符合现行有关标准的规定，首次使用的混凝土配合比应进行开盘鉴定		检查开盘鉴定资料和时间
	2	伸缩缝的位置	应符合设计和施工方案的要求，伸缩缝的处理应按技术方案执行		观察、检查施工记录
	3	养护	应符合施工技术方案的要求和现行有关标准的规定		观察、检查施工记录
	4	表面质量	不应有裂缝、脱皮、麻面、起砂等缺陷		观察检查
	5	坡度	应符合设计要求，不得有倒泛水和积水现象		观察和采用泼水或用坡度尺检查
	6	踢脚线质量	水泥砂浆踢脚线与墙面应紧密结合、高度一致、出墙厚度均匀（局部空鼓长度不大于300mm，且每间不多于2处可不计）		用小锤轻击，用钢尺和观察检查
	7	楼梯踏步和台阶	宽度、高度应符合设计要求。相邻踏步高度和宽度差不应大于10mm，每踏步两端宽度差不应大于10mm。齿角应整齐，防滑条应顺直		观察和用钢尺检查
	8	表面平整度	≤5	mm	用 2m 靠尺和楔形塞尺检查
	9	踢脚线上口平直度	≤4	mm	用拉 5m 线和钢尺检查
	10	缝格平直度	≤3	mm	用拉 5m 线和钢尺检查

2.4.16.3 引用标准

（1）GB 50037—2013《建筑地面设计规范》。

（2）GB 50209—2010《建筑地面工程施工质量验收规范》。

2.4.17 墙面涂饰

2.4.17.1 施工质量要点

（1）基层处理：

1）待墙面干燥后，进行墙面孔洞及线槽修补。

2）墙面裂缝采用封闭防水材料进行修补。墙面空鼓部分应将砂浆清除，再进行修补。对高低不平的砂浆面层进行打磨，以确保墙面平整。

3）对墙面污垢及油渍采用洗涤剂洗净，并扫除表面浮砂。

4）混凝土墙面不平整的部位，应使用聚合物水泥砂浆进行修补，石膏板连接处做成 V 形接缝，在 V 形缝中嵌填专用的掺合成树脂乳液石膏腻子，并贴接缝带抹压平整。

（2）刮防水腻子找平：对混凝土墙面刮防水腻子找平，要求与基层粘结牢固，无分层空鼓现象，待干燥后用砂石纸打磨平整光滑。防水腻子找平施工示意图如图 2-96 所示。

图 2-96　防水腻子找平施工示意图

（3）施涂底层封底涂料：

1）先局部样板施工，大面积涂刷应在样板验收合格后进行。在涂料滚涂前，进行涂料的稀释处理（按产品说明书要求处理）。稀释时掺水量应专人计量。大面积墙面涂刷采用粗毛滚筒从上往下、分段、分层进行涂刷，门窗等拐角部位应采用细毛刷进行涂刷。

2）涂刷施工前，门窗框应用薄膜遮盖，以免污染门窗框。墙面滚涂均匀，且不应漏涂。细部涂刷应采用美纹带粘贴，以防止污染，确保线条顺直。

（4）中层涂料滚压：涂刷中层涂料时应在封底涂料完成干燥后进行，分滚涂、拉毛两步进行。由于主层涂料较厚，采用专用涂料工具进行施工，分段、分层进行涂刷，可以从左往右或从上往下沿同一方进行。门窗及墙体拐角滚涂不到部位，采用漆把粘涂料点缀施工。滚压后应做到涂料成形厚薄均匀，纹路、花点、大小、均匀一致，方向同一，表面立体感强。拉毛宜在墙面涂料稍干后进行，拉毛后表面应无流坠、色差、溅沫等现象。表面涂层应凸出一致，阴阳角部位涂料附着力强，隆起均匀，无明显疙瘩。门窗侧边拉毛应均匀到位无漏刷。

（5）面料涂层：面料涂层待主层涂料完成并干燥后进行，涂料应进行稀释，从上往下，分层、分段进行涂刷。涂料涂刷后应颜色均匀、分色整齐、不漏刷、不透底，每分格应一次性完成。各层涂料施工前，应检查门、窗、灯具、箱盒以及其他易受污染的部位是否得到有效的保护，覆盖应完整。

（6）涂料清理及保护：施涂料前应先清理周围环境，再进行涂饰，防止尘土飞扬影响涂料质量。涂饰完成后，及时做好成品保护，防止二次污染。

2.4.17.2 质量验收标准

（1）水性涂料涂饰工程（薄涂料）质量标准和检验方法（见表2-22）。

表2-22　　　　　　　　水性涂料涂饰工程质量标准和检验方法

类别	序号	检查项目			质量标准	单位	检验方法及器具
主控项目	1	涂料品种、型号和性能			建筑装饰装修工程所用材料应符合国家有关建筑装饰装修材料有害物质限量标准的规定		检查产品合格证书、性能检测报告和进场验收记录
	2	涂饰颜色和图案			应符合设计要求		观察检查
	3	涂饰综合质量			涂料应涂饰均匀、粘结牢固，不得漏涂、透底、起皮和掉粉		观察、手摸检查
	4	基层处理			应符合现行有关标准的规定		观察、手摸检查、检查施工记录
一般项目	1	涂层与其他装修材料和设备衔接处			应吻合，界面应清晰		观察检查
	2	涂饰质量	颜色	普通涂饰	均匀一致		观察检查
				高级涂饰	均匀一致		
			泛碱咬色	普通涂饰	允许少量轻微		
				高级涂饰	不允许		
			流坠疙瘩	普通涂饰	允许少量轻微		
				高级涂饰	不允许		
			砂眼刷纹	普通涂饰	允许少量轻微砂眼，刷纹通顺		
				高级涂饰	无砂眼、无刷纹		
	3	装饰线分色线直线度	普通涂饰		≤2	mm	用拉线和钢直尺检查
			高级涂饰		≤1		

（2）溶剂型涂料涂饰工程（色漆）质量标准和检验方法（见表2-23）。

表2-23　　　　　　　　溶剂型涂料涂饰工程质量标准和检验方法

类别	序号	检查项目	质量标准	单位	检验方法及器具
主控项目	1	涂料品种、型号和性能	建筑装饰装修工程所用材料应符合国家有关建筑装饰装修材料有害物质限量标准的规定		检查产品合格证书、性能检查报告和进场验收记录
	2	涂料颜色、光泽、图案	应符合设计要求		观察检查
	3	涂饰综合质量	涂料涂饰应均匀、粘结牢靠，不得漏涂、透底、起皮和掉粉		观察、手摸检查
	4	基层处理	应符合现行有关标准的规定		观察、手摸检查、检查施工记录

类别	序号	检查项目			质量标准	单位	检验方法及器具
一般项目	1	涂层与其他装修材料和设备衔接处			应吻合，界面应清晰		观察检查
	2	涂饰质量	颜色	普通涂饰	均匀一致		观察、手摸检查
				高级涂饰	均匀一致		
			光泽	普通涂饰	光泽基本均匀、光滑无挡手感		
			光滑	高级涂饰	光泽均匀一致，光滑		
			刷纹	普通涂饰	刷纹通顺		
				高级涂饰	无刷纹		
			裹棱、流坠、皱皮	普通涂饰	明显处不允许		
				高级涂饰	不允许		
	3	装装饰线、分色线直线度		普通涂饰	≤2	mm	用拉线和钢直尺检查
				高级涂饰	≤1		

2.4.17.3 引用标准

GB 50210—2018《建筑装饰装修工程质量验收标准》。

2.4.18 吊顶

2.4.18.1 施工质量要点

（1）设计、排版、弹线：根据图纸要求及空间具体尺寸，对室内吊顶进行设计、排版，在房间四周墙体弹出顶棚水平线；对吊顶吊杆间距进行划分、弹十字线。

（2）吊件安装：按顶棚弹线尺寸在预埋件上焊接角钢块。根据吊顶设计图和起拱要求，将可调节金属吊杆与角钢块的孔固定，吊杆间距不大于 1200mm，吊杆距主龙骨端部不大于 300mm，吊杆高度大于 1.5m 应增加斜向支撑，吊杆按房间短向跨度的 1%～3% 起拱。

（3）主龙骨安装：

1）主龙骨安装时采用与主龙骨相配套的吊件和吊杆连接。主龙骨与吊杆固定时，应用双螺帽在螺杆穿过部位上下固定，然后按标高线调整主龙骨的标高，使其在同一水平面上。主龙骨接头不允许在同一直线上，应相互错开，靠边龙骨与墙体固定。

2）边龙骨的地面与标高线齐平；边龙骨的固定方法可以用水泥钉直接钉在墙、柱面或窗帘盒上，固定位置的间隔为 400～600mm。

3）按装饰板材的尺寸在主龙骨底部划线，用挂件固定，并使其固定牢固，不得有松动，吊挂件安装方向应交错进行，遇有送风口、照明灯具及下部有轻钢龙骨墙体时，应在吊顶相应部位按设计节点详图附加布设中龙骨或小龙骨。

（4）面板的预选、加工及安装：

1）为保证吊顶饰面完整性和安装可靠性，在确定龙骨位置线后，需要根据板材尺寸规格以及吊顶面积来安排骨架的结构尺寸，四周靠墙边缘部分不符合板材的模数时，局部进行材料加工，确保板材组合的图案完整，四周留边尺寸对称、均匀，非整块块材不得小于1/2。

2）面板安装前应进行材料预选，材料的型号、规格、厚度和平整度不合格要剔除，变形材料要进行校正，面板安装前要进行排版，安装时按照设定好的板块布置线，从一个方向（大面）向另一方向依次安装。

3）应预先考虑灯具、空调及设备检修口，检修口应做成活动盖板，便于检修。

（5）压条安装：靠墙周边采用压条安装，压条固定应平直、接口严密、不得翘曲。

2.4.18.2 质量验收标准

（1）暗龙骨吊顶工程质量标准和检验方法（见表2-24）。

表2-24　　　　　　　　　暗龙骨吊顶工程质量标准和检验方法

类别	序号	检查项目	质量标准	单位	检验方法及器具
主控项目	1	重型灯具、电扇及其他重型设备安装	严禁安装在吊顶工程的龙骨上		观察检查
	2	吊杆、龙骨的材质、规格、安装间距及连接方式	应符合设计要求。金属吊杆、龙骨应经过表面防腐处理；木吊杆、龙骨应进行防腐、防火处理		观察和用钢尺检查，检查产品合格证书、性能检测报告、进场验收记录和隐蔽工程验收记录
	3	吊顶标高、尺寸、起拱和造型	应符合设计要求		观察和用钢尺检查
	4	饰面材料的材质、品种、规格、图案和颜色	应符合设计要求和现行有关标准的规定		观察、检查产品合格证书、性能检测报告、进场验收记录和复验报告
	5	吊杆、龙骨和饰面材料安装	必须牢固		观察、手扳检查、检查隐蔽工程验收记录
	6	石膏板接缝	应按其施工工艺标准进行板缝防裂处理。安装双层石膏板时，面层板与基层板的接缝应错开，并不得在同一根龙骨上接缝		观察检查
一般项目	1	饰面材料表面质量	应洁净、色泽一致，不得有翘曲、裂缝及缺损。压条应平直、宽窄一致		观察和用钢尺检查
	2	灯具、烟感器、喷淋头、风口箅子等设备的位置	饰面板上的灯具、烟感器、喷淋头、风口箅子等设备的位置应合理、美观，与饰面板的交接应吻合、严密		观察检查
	3	吊杆、龙骨接缝	金属吊杆、龙骨的接缝应均匀一致，角缝应吻合，表面应平整，无翘曲、锤印。木质吊杆、龙骨应顺直，无劈裂、变形		检查隐蔽工程验收记录和施工记录

类别	序号	检查项目		质量标准	单位	检验方法及器具
一般项目	4	填充材料		吊顶内填充吸声材料的品种和铺设厚度应符合设计要求，并应有防散落措施		检查隐蔽工程验收记录和施工记录
	5	表面平整度	纸面石膏板	≤3	mm	用靠尺和塞尺检查
			金属板	≤2		
			矿棉板	≤2		
			木板、塑料板、格栅	≤2		
	6	接缝直线度	纸面石膏板	≤3	mm	用拉线、钢直尺和塞尺检查
			金属板	≤1.5		
			矿棉板	≤3		
			木板、塑料板、格栅	≤3		
	7	接缝高低差	纸面石膏板	≤1	mm	用钢直尺和塞尺检查
			金属板	≤1		
			矿棉板	≤1.5		
			木板、塑料板、格栅	≤1		
	8	吊顶四周水平度		±5	mm	用尺量或用水准仪检查

（2）明龙骨吊顶工程质量标准和检验方法（见表2-25）。

表2-25　　　　　　　明龙骨吊顶工程质量标准和检验方法

类别	序号	检查项目	质量标准	单位	检验方法及器具
主控项目	1	重型灯具、电扇及其他重型设备安装	严禁安装在吊顶工程的龙骨上		观察检查
	2	吊杆、龙骨的材质、规格、安装间距及连接方式	应符合设计要求和有关标准的规定。金属吊杆、龙骨应经过表面防腐处理；木吊杆、龙骨应进行防腐、防火处理		观察、用钢尺检查，检查产品合格证书、性能检测报告、进场验收记录和隐蔽工程验收记录
	3	吊顶标高、尺寸、起拱和造型	应符合设计要求		观察和用钢尺检查
	4	饰面材料的材质、品种、规格、图案和颜色	应符合设计要求和现行有关标准的规定		观察、检查产品合格证书、性能检测报告和进场验收记录

类别	序号	检查项目		质量标准	单位	检验方法及器具
主控项目	5	饰面材料安装		饰面材料的安装应稳固严密。饰面材料与龙骨的搭接宽度应大于龙骨受力面宽度的2/3		观察和用钢尺检查
	6	吊杆和龙骨安装		必须牢固		手扳检查、检查隐蔽工程验收记录和施工记录
一般项目	1	饰面材料表面质量		应洁净、色泽一致,不得有翘曲、裂缝及缺损。饰面板与明龙骨的搭接应平整、吻合,压条应平直、宽窄一致		观察和用钢尺检查
	2	灯具、烟感器、喷淋头、风口箅子等设备的位置		饰面板上的灯具、烟感器、喷淋头、风口箅子等设备的位置应合理、美观,与饰面板的交接应吻合、严密		观察检查
	3	龙骨接缝		金属龙骨的接缝应平整、吻合、颜色一致,不得有划伤、擦伤等表面缺陷。木质龙骨应平整、顺直、无劈裂		观察检查
	4	填充材料		吊顶内填充吸声材料的品种和铺设厚度应符合设计要求,并应有防散落措施		检查隐蔽工程验收记录和施工记录
	5	表面平整度	石膏板	≤3	mm	用靠尺和塞尺检查
			金属板	≤2		
			矿棉板	≤3		
			塑料板、玻璃板	≤2		
	6	接缝直线度	石膏板	≤3	mm	用拉线、钢直尺和塞尺检查
			金属板	≤2		
			石膏板	≤1		
			金属板	≤1		
	7	接缝高低差	矿棉板	≤2	mm	用钢直尺和塞尺检查
			塑料板、玻璃板	≤1		
	8	吊顶四周水平度		±5	mm	用尺量或用水准仪检查

2.4.18.3 引用标准

GB 50210—2018《建筑装饰装修工程质量验收标准》。

2.4.19 室外排水

2.4.19.1 施工质量要点

(1)雨水排放方式应符合设计要求。

(2)雨水立管设置排出管时立管底部均应设置检查口,检查口离地面高度为1.00m。

室外排水施工和雨箅子安装效果图分别如图2-97和图2-98所示。

图 2-97 室外排水施工设计图

图 2-98 室外排水雨箅子安装设计图

2.4.19.2 质量验收标准

排水管道及配件安装质量标准和检验方法见表 2-26。

表 2-26 排水管道及配件安装质量标准和检验方法

类别	序号	检查项目				质量标准	单位	检验方法及器具
主控项目	1	塑料雨水管道伸缩节				其伸缩节安装应符合设计要求		对照图纸检查
一般项目	1	雨水管安装				不得与生活污水管连接		观察检查
	2	雨水斗管的安装	雨水斗管的安装			雨水斗管的连接应固定在屋面承重结构上；雨水斗边缘与屋面连接处应严密不漏		观察和用钢尺检查
			连接管管径			符合设计要求或不得小于100mm		
	3	雨水管道的安装偏差	横管纵横方向弯曲	钢管	每米	管径≤100mm	≤1	mm	用拉线和钢尺检查
						管径>100mm	≤1.5		
					全长（25m以上）	管径≤100mm	≤25		
						管径>100mm	≤38		
				塑料管	每米		≤1.5		
					全长（25m以上）		≤38		
			立管垂直度	钢管	每米		≤3	mm	用吊线和钢尺检查
					全长（5m以上）		≤10		
				塑料管	每米		≤3		
					全长（5m以上）		≤15		

154

GB 50242—2002《建筑给水排水及采暖工程施工质量验收规范》。

2.4.20 散水、台阶、楼梯

2.4.20.1 施工质量要点

（1）楼梯踏步与台阶板块的缝隙宽度一致、齿角整齐，楼层梯段相邻踏步高度差不应大于 10mm，防滑条应顺直。

（2）栏杆及扶手接缝应严密，表面应光滑，色泽应一致，不得有裂缝、翘曲及损坏。踏步台阶及栏杆扶手效果图如图 2-99 所示。

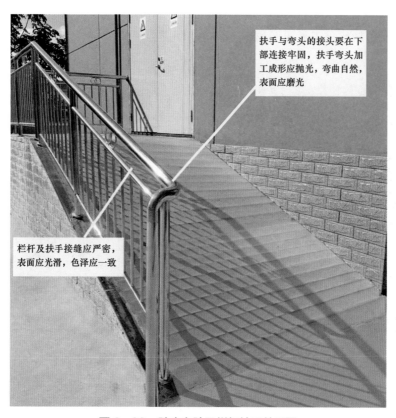

图 2-99 踏步台阶及栏杆扶手效果图

（3）扶手与弯头的接头要在下部连接牢固，扶手弯头加工成形应抛光，弯曲自然，表面应磨光。

（4）栏杆及扶手安装允许偏差：栏杆垂直度 3mm，栏杆间距 3mm；扶手直线度 4mm，扶手高度 3mm。

（5）栏杆及扶手表面油漆施工工艺要点：

1）钢材表面应除去油污、灰尘和附着不牢的氧化皮，用机动工具、钢丝刷、砂轮等彻底铲除浮锈及氧化皮，经清除灰尘后，表面呈金属光泽。底材如有低洼不平之处，刮原子灰腻子并打磨平整。

2）底漆涂装。首先进行裸钢喷涂，然后喷涂环氧底漆、云铁环氧中涂或聚氨酯底漆、聚氨酯中涂。

3）面漆涂装。按比例配兑好后充分搅拌均匀，静置 10min 后，即可施工，涂漆表面须均匀、平滑。

（6）根据标高线钉好水平控制桩，确定台阶、坡道和散水的施工位置。在垫层宽度加 200mm 范围内拉线控制，用平锹将地铲平，如土质松软，应先夯砸不少于 3 遍。

（7）散水基层应按设计要求及相关规范进行处理。

（8）散水与建筑物外墙分离，分隔缝宽 20mm，沿外墙一周做到整齐一致，房屋转角处分隔缝与外墙呈 135° 角，分隔缝宽 20mm。分隔缝应避开雨落管，以防雨水从分隔缝内渗入基础。散水施工效果图如图 2-100 所示。

分隔缝宽 20mm，沿外墙一周做到整齐一致，房屋转角处分隔缝与外墙呈 135°，分隔缝宽 20mm

图 2-100 散水施工效果图

（9）当混凝土有一定强度时，拆除侧模，起出分格条，随即用砂浆抹平压光侧边，并用阳角馏子将散水棱角馏直、压光，包括分格缝处棱角，侧边及分格缝内与散水大面的质量要求相同，棱角应顺直、整齐。

（10）养护已抹平压光的混凝土应在 12h 左右用湿锯末覆盖，养护不少于 7d。

（11）沥青灌缝：养护期满后，分隔缝内清理干净，用 1:2 沥青砂浆填塞（宜掺适量滑石粉以便操作），填塞时分隔缝两边粘贴 3cm 宽美纹纸。分隔缝要勾抹烫压平整。

2.4.20.2　质量验收标准

（1）护栏垂直度偏差：≤2mm。

（2）栏杆间距偏差：≤3mm。

（3）扶手直线度偏差：≤4mm。

（4）扶手高度偏差：≤3mm。

（5）散水表面平整度：≤5mm。

（6）散水缝格平直偏差：≤3mm。

（7）散水厚度偏差：在个别地方不大于设计的 1/10，且不大于 20mm。

2.4.20.3　引用标准

（1）GB 50209—2010《建筑地面工程施工质量验收规范》。

（2）JG/T 558—2018《楼梯栏杆及扶手》。

2.4.21　建筑电气

2.4.21.1　管线敷设

（1）管道连接：使用与管路配套的套管和专用粘接剂，连接前清除连接管端的灰尘，保证粘接部位清洁干燥，用小毛刷涂抹胶粘剂。涂好后平稳插入套管中，插接要到位，用力转动套管，确保连接牢靠，套管连接的套路应保持平直。

（2）管路与灯头盒连接：使用配套的盒接头和粘接剂，根据两个灯头盒位置，截取适当的长度，把盒接头的一段插入盒中，并把配套锁母固定。

（3）管路切断：管路可根据直径大小采用专用的剪管器或钢锯锯断，并将管路内外的毛刺修整齐平。管路切断后不能留有斜口，不能变形。

（4）管路弯曲：直径为 25mm 以下的管路，使用配套的弯管弹簧弯曲，对于直径为 32mm 以上的管路，可以采用热弯法进行弯曲。

控制箱安装和线槽敷设安装示意图分别如图 2-101 和图 2-102 所示。

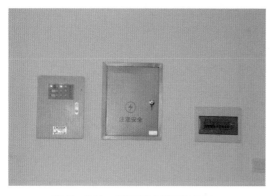

图 2-101　控制箱安装示意图　　　　图 2-102　线槽敷设安装示意图

2.4.21.2　配线工程

（1）管内穿线：将布条的两端牢固的绑扎在带线上，两人来回拉动带线，将管内的浮尘、泥水杂物清除干净。在管路较长转弯时，可在结构施工敷设管路的同时将带线一并穿好并留有 10～15mm 的余量。

（2）放线及断线：放线前应根据施工图核对导线的规格、型号。放线时将带线置于放线架上，将导线线芯直接与带线绑回头压实绑扎牢固，形成一个平滑的锥体过渡部位。

（3）导线连接：导线连接时，必须先削掉绝缘层，去掉导线表面氧化膜，再进行连接、加锡焊、包缠绝缘。

2.4.21.3 配电箱安装

根据预留洞口的尺寸，先将箱体找好标高及水平尺寸，再核对入箱的管路长度是否合适、间距是否均匀、排列是否整齐等。根据各个管路的位置用液压开孔器进行开孔，开孔完毕之后，将箱体按标定的位置固定固牢，最后用水泥砂浆填实周边并抹平齐。入箱底与外墙齐平时，应在外墙固定金属网后再做墙面抹灰，不得在箱底板上直接抹灰。配电箱安装示意图如图 2-103 所示。

图 2-103　配电箱安装示意图

2.4.21.4 开关、插座安装

（1）清理：清除盒内残存砂浆，擦拭盒内及导线灰尘污染物。

（2）接线：开关接线时，应将盒内导线理顺，依次接线后，将盒内导线盘成圆圈，放置于开关盒内。

（3）插座接线：单相两孔插座有横装和竖装两种；横装时，面对插座的右极接相线、左极接零线（中性线），竖装时，面对插座的上极接相线、下极接零线。

（4）接线时，将盒内流出（150～200mm）削去绝缘层，注意不要碰伤线芯，线芯不得外露。

（5）开关插座安装：按接线要求固定固牢，固定时要使面板端正，并与墙面平齐。

2.4.21.5　灯具安装

（1）灯具安装前应熟悉电气安装图纸，灯具的型号规格、数量要符合设计要求。在易燃、易爆场所应采用防爆式灯具，有腐蚀性气体及特别潮湿的场所应采用封闭式灯具。照明灯具安装示意图如图2-104所示。

图2-104　照明灯具安装示意图

（2）安装电气照明装置一律采用埋接线盒、吊钩、螺钉、膨胀螺栓等固定方法，严禁使用木楔固定。

（3）电气照明装置的接线应牢固，需接地、接零（中性线）的灯具、非带电金属部分应由明显的专用接地螺钉。每个灯具固定用的螺钉可靠连接，其保护接地线面根据灯具的相面选择。

（4）嵌入式灯具安装：

1）嵌入筒灯一般安装在吊顶的罩面板上，应采用曲线锯挖孔。灯具与吊顶面板保持一致。小型灯具可安装在龙骨上，大型嵌入式灯具安装时则应采用在混凝土板中伸出支架铁架、铁件相连接的方法。

2）顶棚开口。灯具安装时应熟悉灯具的样本，了解灯具的形式及连接构造，以便确定埋件位置和开口位置的大小。直径较大的吸顶灯可在龙骨上需要补强部位增加附加龙骨，做成圆开口或方开口。

3）灯具安装。在吊灯安装后，根据灯具的安装位置进行弹线，确定灯具支架固定点位置。

2.4.21.6 质量验收标准

（1）各个支路的绝缘电阻摇测合格，并做好记录。绝缘电阻测试合格后通电试运行，通电时间为24h，通电后每8h仔细检查和记录电流、电压各1次，全程共记录4次。同时检查灯具的控制是否灵活、准确。

（2）电线导管、电缆导管及线槽敷设安装质量标准和检验方法（见表2-27）。

表2-27　　　　　　电线、电缆导管及线槽敷设安装质量标准和检验方法

类别	序号	检查项目	质量标准	单位	检验方法及器具
主控项目	1	金属导管的连接	金属导管严禁对口熔焊连接；镀锌和壁厚不大于2mm的钢导管不得套管熔焊连接		观察检查
	2	金属导管和线槽	金属的导管和线槽必须接地（PE）或接零（PEN）可靠，并符合下列规定：镀锌钢导管、可挠性导管和金属线槽不得熔焊跨接接地线，以专用接地卡跨接的两卡间连线为铜芯软导线，截面积不小于4mm²。当非镀锌钢导管采用螺纹连接时，连接处的两端焊跨接接地线；当镀锌钢导管采用螺纹连接时，连接处的两端用专用接地卡固定跨接接地线。金属线槽不作设备的接地导体，当设计无要求时，金属线槽全长至少有2处与接地（PE）或接零（PEN）干线连接。非镀锌金属线槽连接板的两端跨接铜芯接地线，镀锌线槽间连接的两端不跨接接地线，但连接板两端至少有2个防松螺母或防松垫圈的连接固定螺栓		观察、手扳检查
	3	防爆导管连接	防爆导管不应采用倒扣连接；当连接有困难时，应采用防爆活接头，其接合面应严密		观察检查
	4	绝缘导管在砌体上剔槽埋设	应采用强度等级不小于M10的水泥砂浆抹面保护，保护层厚度大于15mm		观察检查
一般项目	1	电缆导管的弯曲半径	应小于电缆最小允许弯曲半径，同时应符合现行标准的规定		观察和用钢尺检查
	2	金属导管防腐处理	金属导管内外壁应进行防腐处理；埋设于混凝土内的导管内壁应进行防腐处理，外壁可不做防腐处理		观察检查
	3	室内进入柜、台、箱、盘内的导管管口高度	应高出柜、台、箱、盘的基础面50～80mm		观察和用钢尺检查
	4	暗配的导管埋设深度、明配导管的固定	暗配导管埋设深度与建筑物、构筑物表面的距离不应小于15mm；明配导管应排列整齐、固定点间距均匀、安装牢固；在终端、弯头中点或柜、台、箱、盘等边缘150～500mm距离内设有管卡，中间直线段管卡间的最大距离应符合现行标准的规定		观察和用钢尺、手扳检查

类别	序号	检查项目	质量标准	单位	检验方法及器具
一般项目	5	线槽固定及外观检查	线槽应安装牢固、无扭曲变形，紧固件的螺母应在线槽外侧		观察、手扳检查
	6	防爆导管敷设	导管间及与灯具、开关、线盒等的螺纹连接处紧固，除设计有特殊要求外，连接处不跨接接地线，在螺纹上涂以电力复合脂或导电性防锈脂。安装牢固、顺直，镀锌层锈蚀或剥落处做防腐处理		观察、手扳检查
	7	绝缘导管敷设	（1）管口平整、光滑；管与盒（箱）等器件采用插入法连接时，连接处结合面涂专用胶合剂，接口牢固密封。 （2）直埋于地下或楼板间的刚性绝缘导管，在穿出地面或楼板易受机械损伤的一段采取保护措施。 （3）当设计无要求时，埋设在墙内或混凝土内的绝缘导管采用中型以上的导管。 （4）沿建筑物、构筑物表面和在支架上敷设的刚性绝缘导管，按设计要求装设温度补偿装置		观察检查
	8	金导属管、非金属柔性	（1）刚性导管经柔性导管与电气设备、器具连接，柔性导管的长度在动力工程中不大于0.8m，在照明工程中不大于1.2m。 （2）可挠金属管或其他柔性导管与刚性导管或电气设备、器具间的连接采用专用接头；复合型可挠金属管或其他柔性导管的连接处密封良好，防液覆盖层完好无损。 （3）可挠性金属导管和金属柔性导管不能作接地（PE）或接零（PEN）的连续导体		观察和用钢尺、手扳检查
	9	导管和线槽在建筑物变形缝处的处理	应设补偿装置		观察检查

（3）电线、电缆穿管和线槽敷线安装质量标准和检验方法（见表2-28）。

表2-28　　　　　电线、电缆穿管和线槽敷线安装质量标准和检验方法

类别	序号	检查项目	质量标准	单位	检验方法及器具
主控项目	1	三相或单相的交流单芯电缆	三相或单相的交流单芯电缆不得单独穿于钢导管内		观察检查
	2	电线穿管	不同回路、不同电压等级和交流与直流的电线不应穿于同一导管内；同一交流回路的电线应穿于同一金属导管内，且管内电线不得有接头		观察检查
	3	爆炸危险环境照明线路的电线、电缆选用和穿管	额定电压不得低于750V，且电线必须穿于钢导管内		观察检查
一般项目	1	电线、电缆管内清扫和管口处理	电线、电缆穿管前，应清除管内杂物和积水。管口应有保护措施,不进入接线盒（箱）的垂直管口穿入电线、电缆后，管口应密封		观察检查

类别	序号	检查项目	质量标准	单位	检验方法及器具
一般项目	2	当采用多相供电时,同一建筑物、构筑物的电线绝缘层颜色选择	选择应一致,即保护地线(PE 线)应是黄绿相间色;零线用淡蓝色;相线为 U 相采用黄色、V 相采用绿色、W 相采用红色		观察检查
	3	线槽放线	(1)电线在线槽内应有一定余量,不得有接头。电线按回路编号分段绑扎,绑扎点间距不应大于 2m。 (2)同一回路的相线和零线敷设于同一金属线槽内。 (3)同一电源的不同回路无抗干扰要求的线路可敷设于同一线槽内;敷设于同一线槽内有抗干扰要求的线路用隔板隔离,或采用屏蔽电线,且屏蔽护套一端接地		观察和用钢尺检查

（4）灯具安装质量标准和检验方法（见表 2-29）。

表 2-29　　　　　　　　　灯具安装质量标准和检验方法

类别	序号	检查项目	质量标准	单位	检验方法及器具
主控项目	1	灯具的固定	(1)灯具质量大于 3kg 时,应固定在螺栓或预埋吊钩上。 (2)灯具固定牢固、可靠,不使用木楔。每个灯具至少有 2 个固定用螺钉或螺栓;当绝缘台直径在 75mm 及以下时,采用 1 个螺钉或螺栓固定		观察检查
	2	钢管吊灯灯杆检查	当用钢管做灯杆时,钢管内径不应小于 10mm,钢管厚度不应小于 1.5mm		观察和用钢尺检查
	3	灯具的绝缘材料及耐火检查	固定灯具带电部件的绝缘材料以及提供防触电保护的绝缘材料应耐燃烧和防明火		观察检查
	4	灯具的安装高度和使用电压等级	(1)一般敞开式灯具,灯头对地面距离不小于下列数值(采用安全电压时除外):室外,2.5m(室外墙上安装);厂房,2.5m;室内,2m;软吊线带升降器的灯具在吊线展开后,0.8m。 (2)危险性较大及特殊危险场所,当灯具距地面高度小于 2.4m 时,使用额定电压为 36V 及以下的照明灯具,或有专用保护措施		观察检查
	5	防爆灯具的选型及其开关的位置和高度	(1)灯具的防爆标志、外壳防护等级和温度组别与爆炸危险环境相适配。当设计无要求时,灯具种类和防爆结构的选型应符合现行标准的规定。 (2)灯具配套齐全,不用非防爆零件替代灯具配件(金属护网、灯罩、接线盒等)。 (3)灯具的安装位置应离开释放源,且不在各种管道的泄压口及排放口上方安装灯具。 (4)灯具及开关安装牢固、可靠,灯具吊管及开关与线盒螺纹啮合扣数不少于 5 扣,螺纹加工光滑、完整、无锈蚀,并在螺纹上涂以电力复合脂或导电性防锈脂。 (5)开关安装位置便于操作,安装高度为 1.3m		观察和用钢尺检查
一般项目	1	引向每个灯具的导线线芯最小截面积	应符合现行相关标准的规定		尺量检查

类别	序号	检查项目	质量标准	单位	检验方法及器具
一般项目	2	灯具的外形、灯头及其接线	（1）灯具及配件齐全，无机械损伤、变形、涂层剥落和灯罩破裂等缺陷。 （2）除敞开式灯具外，其他各类灯具灯泡容量在100W及以上者均采用瓷质灯头。 （3）连接灯具的软线盘扣、搪锡压线。当采用螺口灯头时，相线接于螺口灯头中间的端子上。 （4）灯头的绝缘外壳不破损和漏电；带有开关的灯头，开关手柄无裸露的金属部分		观察检查
	3	灯具的安装位置	高低压配电设备及裸母线的正上方不应安装灯具		观察检查
	4	装有白炽灯泡的吸顶灯具隔热检查	灯泡不应紧贴灯罩；当灯泡与绝缘台间距离小于5mm时，灯泡与绝缘台间应采取隔热措施		观察检查
	5	投光灯的固定检查	投光灯的底座及支架应固定牢固，枢轴应沿需要的光轴方向拧紧固定		观察、手扳检查
	6	室外壁灯的防水检查	壁灯应有泄水孔，绝缘台与墙面之间应有防水措施		观察检查
	7	防爆灯具安装	（1）灯具及开关的外壳完整，无损伤，无凹陷或沟槽、灯罩裂纹，金属护网无扭曲变形，防爆标志清晰。 （2）灯具及开关的紧固螺栓无松动、锈蚀，密封垫圈完好		观察、手扳检查

（5）开关、插座安装质量标准和检验方法（见表2-30）。

表2-30　　　　　　　　开关、插座安装质量标准和检验方法

类别	序号	检查项目	质量标准	单位	检验方法及器具
主控项目	1	插座接线	（1）单相两孔插座，面对插座的右孔或上孔与相线连接，左孔或下孔与零线连接；单相三孔插座，面对插座的右孔与相线连接，左孔与零线连接。 （2）单相三孔、三相四孔及三相五孔插座接地（PE）或接零（PEN）线接在上孔。插座的接地端子不与零线端子连接。同一场所的三相插座，接线的相序一致。 （3）接地（PE）或接零（PEN）线在插座间不串联连接		观察检查
	2	照明开关安装	（1）同一建筑、构筑物的开关采用同一系列的产品，开关的通断位置一致，操作灵活，接触可靠。 （2）相线经开关控制		观察、试操作检查
一般项目	1	插座安装和外观检查	应符合现行相关标准的规定		观察和用钢尺检查
	2	照明开关的安装位置、控制顺序	（1）开关安装位置便于操作，开关边缘距门框边缘的距离为0.15~0.2m，开关距地面高度为1.3m；拉线开关距地面高度为2~3m，层高小于3m时，拉线开关距顶板不小于100mm，拉线出口垂直向下。 （2）相同型号并列安装及同一室内开关安装高度一致，且控制有序、不错位。并列安装的拉线开关的相邻间距不小于20mm。 （3）暗装的开关面板应紧贴墙面，四周无缝隙，安装牢固，表面光滑、整洁，无碎裂、划伤，装饰帽齐全		观察、用钢尺检查、试操作检查

（6）接地装置安装质量标准和检验方法（见表2-31）。

表2-31 接地装置安装质量标准和检验方法

类别	序号	检查项目	质量标准	单位	检验方法及器具
主控项目	1	接地装置的接地电阻值测试	必须符合设计要求		检查测试记录或用适配仪表进行抽测
	2	接地装置测试点设置	人工接地装置或利用建筑物基础钢筋的接地装置必须在地面以上按设计要求位置设测试点		观察检查
	3	防雷接地的人工接地装置的接地干线埋设	经人行通道处埋地深度不小于1m，且应采取均压措施或在其上方铺设卵石或沥青地面		观察和用钢尺检查
	4	接地模块埋深、间距和基坑尺寸	接地模块顶面埋深不小于0.6m，接地模块间距不小于模块长度的3~5倍。接地模块埋设基坑，一般为模块外形尺寸的1.2~1.4倍，且在开挖深度内详细记录地层情况		观察和用钢尺检查
	5	接地模块应垂直或水平就位	接地模块应垂直或水平就位，不应倾斜设置，保持与原土层接触良好		观察检查
一般项目	1	接地装置埋深、间距和搭接长度	当设计无要求时，接地装置顶面埋设深度不应小于0.6m。圆钢、角钢及钢管接地极应垂直埋入地下，间距不应小于5m。接地装置的焊接应采用搭接焊，搭接长度应符合下列规定： （1）扁钢与扁钢搭接为扁钢宽度的2倍，至少三面施焊。 （2）圆钢与圆钢搭接为圆钢直径的6倍，双面施焊。 （3）圆钢与扁钢搭接为圆钢直径的6倍，双面施焊。 （4）扁钢与钢管、扁钢与角钢焊接时，紧贴3/4钢管表面，或紧贴角钢外侧两面，上下两侧施焊。 （5）除埋设在混凝土中的焊接接头外，其余接头均应有防腐措施		观察和用钢尺检查
	2	接地装置材质和最小允许规格	符合设计要求；当设计无要求时，接地装置的材料应采用钢材，并经热浸镀锌处理，最小允许规格、尺寸应符合现行标准的规定		观察、用钢尺检查或对照设计文件检查
	3	接地模块与干线连接和干线的材质选用	接地模块应集中引线，用干线把接地模块并联焊接成一个环路，干线的材质与接地模块焊接点的材质应相同，钢制的采用热浸镀锌扁钢，引出线至少2处		观察检查

（7）避雷引下线和变配电室接地干线敷设（Ⅰ）防雷引下线质量标准和检验方法（见表2-32）。

表2-32 避雷引下线和变配电室接地干线敷设（Ⅰ）防雷引下线质量标准和检验方法

类别	序号	检查项目	质量标准	单位	检验方法及器具
主控项目	1	引下线的敷设、明敷下线焊接处的防腐	暗敷在建筑物抹灰层内的引下线应由卡钉分段固定；明敷的引下线应平直、无急弯，与支架焊接处采用油漆防腐，且无遗漏		观察检查
	2	利用金属构件、金属管道作接地线时与接地干线的连接	应在构件或管道与接地干线间焊接金属跨接线		观察检查

164

类别	序号	检查项目	质量标准	单位	检验方法及器具
一般项目	1	钢制接地线的连接和材料选用、规格、尺寸	钢制接地线的焊接连接应符合现行标准的规定，材料选用及最小允许规格、尺寸应符合现行标准的规定		观察、用钢尺检查或对照设计文件检查
	2	明敷接地引下线支持件的设置	明敷接地引下线的支持件间距应均匀，水平直线部分为 0.5~1.5m；垂直直线部分为 1.5~3m；弯曲部分为 0.3~0.5m		观察和用钢尺检查
	3	接地线穿越墙壁、楼板和地坪处的保护	接地线在穿越墙壁、楼板和地坪处应加套钢管或其他坚固的保护套管，钢套管应与接地线做电气连通		观察检查
	4	设计要求接地的幕墙金属框架和建筑物的金属门窗与接地干线的连接	设计要求接地的幕墙金属框架和建筑物的金属门窗就近与接地干线连接可靠，连接处不同金属间应有防电化腐蚀措施		观察、手扳检查

（8）避雷引下线和变配电室接地干线敷设（Ⅱ）变配电室接地干线质量标准和检验方法（见表2-33）。

表2-33　　　　　避雷引下线和变配电室接地干线敷设（Ⅱ）

变配电室接地干线质量标准和检验方法

类别	序号	检查项目	质量标准	单位	检验方法及器具
主控项目	1	变压器室、高低开关室内的接地干线与接地装置引出线连接	应至少有 2 处与接地装置引出干线连接		观察、手扳检查
一般项目	1	钢制接地线的连接和材料规格、尺寸	钢制接地线的焊接连接应符合现行标准的规定，材料采用及最小允许规格、尺寸应符合现行标准的规定		观察、用钢尺检查或对照设计文件检查
	2	明敷接地引下线及室内接地干线的支持件的设置	明敷接地引下线及室内接地干线的支持件间距应均匀，水平直线部分为 0.5~1.5m；垂直直线部分为 1.5~3m；弯曲部分为 0.3~0.5m		观察和用钢尺检查
	3	接地线在穿越墙壁、楼板和地坪保护	接地线在穿越墙壁、楼板和地坪处应加套钢管或其他坚固的保护套管，钢套管应与接地线做电气连通		观察检查
	4	变配电室内明敷接地干线敷设	（1）便于检查，敷设位置不妨碍设备的拆卸与检修。 （2）当沿建筑物墙壁水平敷设时，距地面高度为 250~300mm；与建筑物墙壁间的间隙为 10~15mm。 （3）当接地线跨越建筑物变形缝时，设补偿设置。 （4）接地线表面沿长度方向，每段为 15~100mm，分别涂以黄色和绿色相间的条纹。 （5）变压器室、高压配电室的接地干线上应设置至少 2 个供临时接地用的接线柱或接地螺栓		观察和用钢尺检查

类别	序号	检查项目	质量标准	单位	检验方法及器具
一般项目	5	电缆穿过零序电流互感器时，电缆头的接地线检查	当电缆穿过零序电流互感器时，电缆头的接地线应通过零序电流互感器后接地；由电缆头至穿过零序电流互感器的一段电缆金属护层和接地线应对地绝缘		观察检查
	6	配电间的栅栏门及变配电室金属门铰链处的接地连接及避雷器接地	配电间隔和静止补偿装置的栅栏门及变配电室金属门铰链外的接地连接应采用编制铜线。变配电室的避雷器应用最短的接地线与接地干线连接		观察检查

2.4.21.7 引用标准

GB 50303—2015《建筑电气工程施工质量验收规范》。

2.4.22 竣工验收

（1）单位（子单位）工程质量验收应符合下列规定：

1）单位（子单位）工程所含分部（子分部）工程的质量均应验收合格。

2）质量控制资料应完整。

3）单位（子单位）工程所含分部工程有关安全和功能的检测资料应完整。

4）主要功能项目的抽查结果应符合相关专业质量验收规范的规定。

5）观感质量验收应符合要求。

（2）当建筑工程质量不符合要求时，应按下列规定进行处理：

1）经返工重做或更换器具、设备的检验批，应重新进行验收。

2）经有资质的检测单位检测鉴定能够达到设计要求的检验批，应予以验收。

3）经有资质的检测单位检测鉴定达不到设计要求，但经原设计单位核算认可能够满足结构安全和使用功能的检验批，可予以验收。

4）经返修或加固处理的分项、分部工程，虽然改变外形尺寸但仍能满足安全使用要求，可按技术处理方案和协商文件进行验收。

5）通过返修或加固处理仍不能满足安全使用要求的分部工程、单位（子单位）工程，严禁验收。

注意：所有工程质量验收均应在施工单位自行检验的基础上进行。